케이크를 자르지 못하는 아이들

케이크를
자르지
못하는
아이들

**모든 것이 왜곡되어 보이는
아이들의 놀라운 실상**

미야구치 코지 지음
부윤아 옮김 | 박찬선 감수

INFLUENTIAL
인 플 루 엔 셜

　　오래전부터 고민해왔다. 인지 기능에 무언가 핸디
캡을 가지고 있는 아이들에 대해서 우리 사회는 무엇을 해야 하
는가. 긍정의 힘도 부정을 직시하는 힘도 필요하다. 전자는 칭찬
이다. 그런데 이것만 가지고는 결코 문제가 완전히 해결되지 않
는다는 것을 우리는 잘 알고 있다. 그래서 직시해야 한다. 하지
만 우리는 이 직시에 대해서 한 가지 착각을 하고 있다. 강하고
준엄한 조치를 취해야 한다는 생각들. 이러한 착각으로 인해 문
제가 조기에 근본적으로 해결되기보다는 악화되어 왔다. 그 악
화가 거듭된 결과를 우리는 그저 보고 있을 뿐이었다.

　　이제 제대로 된 제안을 만났다. 저자의 말처럼 하루 5분으로
한 개인이 아니라 사회도 바꿀 수 있다. 심리학자의 눈으로 봤

4

을 때 지극히 타당하고 매우 지혜로운 트레이닝이다. 뿐만 아니라 매우 부드럽고 자연스러운 개입이다. 심리학에서는 이런 모든 측면을 다 만족시키는 방법을 두고 '지혜로운 넛지(nudge)'라고 부른다. 오랜만에 세상의 소금이 될 만한 넛지를 만났다.

— 김경일

(인지심리학자, 아주대학교 교수, 《지혜의 심리학》 저자)

이 책의 저자만큼 긴 기간은 아니지만 나 역시 소년원과 여자 소년원에서 근무해본 적이 있다. 그리고 이 책에 나오는 것처럼 인지적·정서적 문제로 정신과적 어려움을 겪는 아이들이 많다는 것과 이들에 대한 처우가 미흡하다는 것을 알 수 있었다. 시설적인 측면에서 보자면 분명 나아졌을지 모른다. 하지만 실질적인 지원 측면에서 보자면 아직 갈 길이 멀다. 이들에 대한 평가도 진단 과정도 미약하고 전문적인 치료와 프로그램도 부족한 것이 현실이다. 사회에서라고 한들 별반 다를까. 사회의 이해 못할 시선과 외면에 괴로워하는 아이들이 한둘이 아니다.

장애와 결핍으로 인해 사회적으로 바람직한 행동을 하지 못하는 아이들에게 필요한 것은 상벌교육이나 엄한 처우가 아니다. 아이들이 처해 있는 환경과 이들의 정서와 행동을 이해하고 치료나 돌봄, 자립적 생활을 할 수 있도록 돕는 것이 우선이다. 법무부 장관 등 아이들의 처우를 개혁할 힘과 의지가 있는 행정 부서의 책임자들뿐 아니라 이런 아이들을 제도적으로 뒷받침할 수 있는 정책 입안자들에게 추천한다. 아울러 아이들이 겪고 있는 문제를 지나치기 쉬운 어른들에게도 일독을 권한다.

—김현수

(명지병원 정신건강의학과 임상교수, 성장학교 별 교장)

저자는 비사회적인 행동을 반복하는 아이들을 뇌과학적 틀로 바라본다. 정신의학 전문가들 사이에서는 전부터 알려진 사실이지만 일반 독자들에게는 생소할 것이다. 이는 개인 및 사회의 문제와 뇌신경 인지 능력 간의 상관관계를 친숙하고 생생하게 그려낸 책들이 흔치 않기 때문이다.

이 책은 그 공간을 넉넉히 채워준다. 누군가를 돕는다는 것은 마음만으로 되는 일이 아니다. 정확한 지식과 더불어 이를 실행해나가는 끈기 있는 헌신이 필요하다. 저자의 전인적인 경험들은 힘든 아이들을 이해하고 도우려는 나와 같은 전문가는 물론이고, 그들의 가족과 선생님 그리고 관련 기관의 행정가 모두에게 적잖은 도전으로 다가온다. 이 책을 덮는 순간, 독자들은 새로운 시선으로 힘든 아이들을 바라보고 또 하나의 희망을 품게 될 것이다.

―유한익

(서울뇌과학연구소 소아청소년정신과 전문의,《같이 있는 부모, 가치 있는 아이》저자)

이 책을 통해 위기 청소년들, 특히 시적 징애 위기 청소년들에 관한 한일 양국의 실상이 너무도 닮았다는 것을 알고 적잖이 놀랐다. 비행이라는 꼬리표만 달면 투명인간으로 취급당하는 '잊힌 아이들'은 한일 양국에서 아동으로서의 적당한 배려를 받지 못하고 있다.

이러한 아이들의 실상을 밝혀, 획일적인 처우가 아니라 각자의 특성에 따른 개별적 처우를 해야 한다는 저자의 주장에 100퍼센트 공감한다. 소년부 판사 등 위기 청소년 문제로 고심하는 분들뿐 아니라 아이들의 양육에 관심을 갖고 있는 모든 분들이 반드시 읽어야 하는 책이다.

―천종호

(부산지방법원 부장판사,《호통판사 천종호의 변명》저자)

추천의 글 7

아이들이 오해에서 벗어나
'깨달음의 스위치'를 켤 수 있도록

박찬선
(아동심리학자·인지학습치료 전문가)

  미야구치 코지 선생의《케이크를 자르지 못하는 소년들》
한국어판 감수를 맡게 된 것을 기쁘게 생각합니다.

  저는 경계선 지능에 관한 책을 출간하는 등의 활동을 통
해 경계선 지능에 놓인 아동의 지도 필요성을 널리 알리고
자 노력해왔습니다. 늘 안타까웠던 점은 경계선 지능에 놓
인 아이들 중에서 청소년기에 비행의 길로 접어들어 성인
이 되어서도 온전히 사회에 적응하지 못한 채 불행한 삶을
이어가고 있는 이들이 있다는 것이었습니다.

  경계선 지능에 대한 연구를 계속해오면서 우리나라의 소
년원이나 보호 관찰소, 비행 학생들을 위한 쉼터 등에 이런

아이들이 다수 있다는 이야기를 전해 들었지만, 직접 만나는 경험이 부족한 저로서는 큰 도움을 줄 수 없다는 점과 이들을 위해 무언가 안내해줄 길이 없다는 것이 못내 아쉬웠습니다. 이러한 아쉬움을 이 책을 통해 달랠 수 있어서 진심으로 환영하는 바입니다.

이 책에서 코지 선생이 말한 것처럼 병원이나 상담 시설을 이용할 수 있는 경계선 지능 아동 및 경도 지적 장애 학생들은 그나마 나은 편입니다. 누군가가 이들이 보내는 신호를 알아보고 도움을 줘야 한다는 것을 깨달았기 때문입니다. 하지만 아직도 많은 학생이 학교나 가정, 지역 사회에서 어려움을 겪고 있습니다. 낮은 인지 기능 때문에 일상생활이나 학습, 또래 관계, 상황에 맞는 행동을 하기 어려운데도 이런 사실을 알아주는 사람이 없어 도움을 받는 경우가 매우 드뭅니다. 저 역시 여러 시·도를 오가며 학교 교사 및 학습 상담사를 컨설팅해봤지만, 학생들이 보내는 신호를 알아채는 분들이 많지는 않았습니다.

경계선 지능 아동이나 경도 지적 장애 학생들이 보내는 신호를 알아챌 수 있다면, 이들을 오해하거나 잘못된 훈육 및 지도를 하는 일은 줄어들 것입니다. 이러한 일들로 아이들이 마음의 상처를 받거나 비행의 길로 접어드는 일도 줄

어들 것입니다. 설사 비행을 저질러 교정 시설에 입소하게
되더라도 적절한 지도나 프로그램을 받게 함으로써 잘못된
행동을 반복하지 않고, 뒤늦게라도 행복한 삶을 살 수 있는
길로 이끌 수 있을 것입니다.

이 책은 인지 기능이 낮아서 판단이 미흡한 아이들이 어
떻게 행동하는지를 알려줍니다. 무엇보다 이들에 대한 상담
이나 지도가 단순히 자존감 향상이나 공감해주는 방식이
아니라 보다 실질적인 방법이 고안되어 제공될 필요가 있
다는 것을 일깨워줍니다. 무엇을 어떻게 도와주면 좋을지
는 저자가 상세히 설명하고 있습니다. 물론 우리나라의 사
정과 형편에 맞게 수정되어야 할 부분은 있습니다. 분명한
것은 말로만 상담하고 말로만 깨우치는 것이 아니라 구체적
인 프로그램이나 교육 과정을 통해 도와야 한다는 점입니
다. 그런 만큼 주의를 기울여 이들이 보내는 신호를 살펴야
합니다. 그리고 우리도 현실적인 대안을 고민하고 실행해나
가야 합니다.

학교 교사, 상담사, 교육 복지 전문가들이 이 책을 읽고
이런 아이들을 위해 무엇을 해야 하는지 깨닫는 계기가 되
었으면 좋겠습니다. 코지 선생은 기초적인 인지 기능과 사
회성을 향상시키기 위한 프로그램이 지속적으로 제공되어

야 한다고 강조하고 있습니다. 저 역시 같은 생각입니다. 기초 인지 기능 향상 프로그램과 사회성 향상 프로그램은 필수적으로 운영되어야 합니다.

비행 청소년들이 있는 교정 시설에서도 새로운 시도가 이루어져야 합니다. 이들을 상담하고 직업교육을 시키는 것이 전부가 아니라는 것을 깨달아야 합니다. 코지 선생의 지적처럼, 자기 인식이나 상황 판단력이 부족한 경계선 지능 아동과 경도 지적 장애 학생들은 상담을 하는 순간에는 잘못을 인정하고 앞으로 잘하겠다고 말하지만 그때뿐인 경우가 많습니다. 인지 기능이 낮은 탓에 기본적인 상식이 통용되지 않기 때문입니다. '모르는 것'이 아니라 '알 수 없는 영역'인 것입니다. 그런 만큼 이들이 진심으로 달라지고 변화의 길을 걷게 하기 위해서는 '깨달음의 스위치'를 켜는 기회를 만날 수 있도록 도와주어야 합니다.

그동안 우리나라에서는 '교육 복지 대상 학생'이라고 해서 가정에서의 돌봄이 부족한 아이들을 찾아내어 도움을 주고자 노력해왔습니다. 하지만 학교에 적응하는 것을 어려워하고 비행 청소년이 될 가능성이 높은데도 가정의 경제적 여건이나 환경 조건이 맞지 않아서 대상자로 선정되지 못하는 아이들도 많습니다. 반대로 가정의 경제적 형편이 넉넉한데도 불구하고 자녀의 낮은 인지 기능을 받아들이지 못하고 공부만 시키면 나아질 것이라고 우격다짐으로 자녀를 양육하는 부모로 인해 더 힘든 상황에 내몰리는 학생들도 있습니다.

교육 복지 대상이 되든 그렇지 않든, 인지 기능이 낮은 아이들은 스스로 잘 성장하는 데 한계가 있습니다. 가정과 학교, 여러 전문가들이 이들의 한계를 인정하고 수용하여 이들에게 맞는 교육적·사회적 환경을 제공하기 위해 노력해야 합니다. 이 책을 통해 그에 대한 구체적 지침과 안내를 얻을 수 있으리라 생각합니다.

아이들의 미심쩍은 행동에 걱정이 되거나 인지 기능이 낮은 아이 때문에 고민이 되는 학부모와 교사가 있다면 한 번쯤 읽어볼 것을 권합니다. 아울러 많은 부모가 읽고 아이들의 능력과 상관없이 아이들을 어떻게 대하고 양육하면 좋을지 생각해보는 계기를 맞이하면 좋겠습니다. 아이들을 대하는 태도와 제도를 바꾸는 것은 결국 사회와 어른들의 몫이기 때문입니다.

도움받지 못하고
방치되는 아이들을 위하여

　정신건강의학과 전문의인 나는 현재 대학에서 주로 임상 심리학 관련 강의를 하고 있다. 3년 전에 리쓰메이칸 대학에 부임하기 전까지 소년원에서 법무기관(法務技官, 일본 법무성에서 채용하는 전문 직원의 관직명으로 의료 종사자 및 민간 기능자 등이 있다—옮긴이)으로 일했다. 그전에는 오사카에 있는 공립 정신과 병원에서 아동정신과 의사로 근무하며 발달 장애 아동, 학대 피해 아동, 등교 거부 아동, 사춘기 아이들을 외래 진찰하거나 입원 병동에서 진료했다. 그 병원은 간사이 지역의 기간 병원이라고 할 만큼 규모가 매우 커서 다양한 사례를 접할 수 있었다. 발달 장애 전문 외래는 접

수 후 초진을 할 때까지 4년을 기다려야 할 만큼 병원이 제 기능을 거의 하지 못할 정도로 환자가 몰려들었다. 아동뿐 아니라 살인 등 중대 범죄를 일으킨 성인과 청소년의 정신 감정*을 할 기회도 많이 주어져 하는 일에 대한 중요성을 절실히 느꼈다.

당시 정기적으로 진찰과 발달 상담을 하러 가던 시설에서 발달 장애가 있는 한 소년을 만났다. 성(性)과 관련된 문제 행동을 일으키는 아이로, 상대의 나이를 막론하고 여자의 몸을 만지는 버릇이 있었다. 어른, 학생 할 것 없이 주로 여자가 많이 모일 것 같은 장소에 가면 상대를 물색해 만지는 행위를 반복했다. 이 소년과의 만남이 결과적으로 내 인생의 방향을 크게 바꿔 놓았다.

나는 계속 시설에 가서 그 소년을 진료하게 되었다. 그러던 중 북미에서 인지행동치료(Cognitive Behavioral Therapy)에 기초해서 개발한 성폭력 가해 방지를 위한 워크북을 보고 치료 효과가 기대되어 일본어로 번역하여 사용했다. 소년이 겪고 있는 다양한 스트레스를 조절하기 위해 약물 치료도 하는 등 병원 외래 진료도 병행했다.

● 법적으로 문제 행동을 한 사람의 정신 상태를 의학적으로 판단하는 일이다.

인지행동치료란 비틀어진 사고를 바로잡아 부적절한 행동·사고·감정은 줄이고, 적절한 행동·사고·감정을 늘리면서 원만한 인간관계를 위한 사회적 기술 개선 등을 도모하는 치료법 중에 하나다. 심리 치료 분야에서 효과가 있다고 알려져 있다.

예를 들어, A가 B에게 인사를 했는데 B가 반응이 없었다고 하자. 그때 A가 'B는 일부러 나를 무시하는 거야. 나를 싫어하나 봐'라는 생각이 들었다면 화가 나서 이후로는 B를 무시하거나 심술궂게 대할지도 모른다. 인지행동치료는 A에게 다른 사고방식을 하도록 도와준다. '어쩌면 내 목소리가 작아서 B가 못 들었는지도 몰라.' 'B가 뭔가 깊게 생각하느라 내 인사를 미처 듣지 못했나 봐.' 이런 식으로 사고방식이 변하면 A는 '그럼 어쩔 수 없지. 한 번 더 큰 소리로 인사해보자'라고 생각하고 다시 인사할 수도 있다. 다시 인사했을 때 B가 인사를 받아준다면 A는 'B는 일부러 나를 무시하는 거야. 나를 싫어하나 봐'라고 생각했던 자신의 사고가 잘못되었음을 깨닫고 이후로는 더욱 적절한 행동·사고·감정을 이어갈 수 있다. 동시에 인간관계에서 중요한 요소 중 하나인 인사법을 개선할 수도 있다.

이렇게 사고방식을 바꿔 적절한 행동을 하도록 유도하

는 인지행동치료는 성폭력 가해자를 갱생하는 프로그램의 근간이 된다. 성폭력 가해자는 '여자는 사실 누군가 자신을 덮쳐주길 원한다'라는 등의 성에 대한 왜곡된 사고를 가지고 있거나, 인간관계에 있어 '세상 사람들은 모두 적이다' '모두 나를 피하려고 한다' '나는 가치가 없는 사람이다'와 같은 공격적이고 피해망상적인 사고를 가지고 있는 경우가 많다. 이런 왜곡된 사고가 성폭력 가해 행위로 이어질 가능성이 있다. 따라서 인지행동치료로 이런 왜곡된 사고를 바로잡고 올바른 행동을 할 수 있도록 유도해야 한다. 내가 사용한 워크북도 바로 그런 방법을 바탕으로 하는 것이었다.

소년은 워크북을 끝낼 때마다 "알겠습니다"라고 대답했다. 외래 진찰을 받을 때도 "이제는 그러지 않겠습니다"라고 항상 진지하게 대답했다. 그런 모습을 보면서 이번에는 정말로 괜찮겠다고 매번 생각했지만, 상황은 전혀 달라지지 않았다. 다음 진찰을 받으러 오기 전에 또 다른 성적 문제를 일으키곤 했다. 이런 일이 몇 번이고 반복되었다. 어째서 바뀌지 않는 걸까, 고민하는 나날이 이어졌다. 한참 지나서야 그 원인을 알게 되었다. 소년은 지적인 문제도 안고 있었다. 인지 기능이 약하기 때문에 워크북 자체를 제대로 이해하지 못했던 것이다.

인지행동치료는 '지적 능력인 인지 기능에 문제가 없을 것'을 전제로 한다. 인지 기능에 문제가 있는 사람에게도 효과가 있는지는 확실하게 증명되지 않았다. 그러면 인지 기능에 문제가 있는 아이들은 어떤 아이들일까? 간단히 말해 발달 장애나 인지 장애가 있는 아이들을 가리킨다. 즉 발달 장애나 인지 장애가 있는 아이들에게는 인지행동치료를 바탕으로 하는 프로그램은 효과를 거두기 어려울 가능성이 있다. 치료 방법이 확실하지 않은 상황에서 실세로 현장에서는 이런 아이들 때문에 곤란을 겪고 있다.

그렇다면 어떻게 해야 좋을까. 답은 병원에 있지 않았다. 세간에서는 병원을 최후의 보루로 여기고 있지만, 실제로 병원에서는 발달 장애나 인지 장애가 있어 여러 문제 행동을 반복하는 아이에게 결국 투약 치료라는 대증요법만 내어줄 뿐 근본적인 치료는 어렵다. 이것이 현실이다.

나는 병원에서 할 수 있는 일은 한정되어 있다는 사실을 깨닫고 괴로운 나날을 보냈다. 살인이나 살인 미수 등을 저지른 발달 장애 소년들의 정신을 감정하면서 이들이 범행을 저지른 이유와 그 문제점에 대해서는 잘 알았지만, 구체적으로 어떻게 지원하면 좋을지 그 방법에 대해서는 도무지 갈피를 잡을 수 없었다. 투약과 개별 카운슬링, 인지행동치료, 작업치료* 등으로 해결하는 방법밖에는 떠오르지 않았다. 그렇다고 해서 그 외의 방법을 아는 것도 아니었다. 조사해본 바로는 일본에서 그런 치료를 전문으로 하는 의료기관이나 의사를 찾기도 어려웠다. 이런저런 조사를 하는 과정에서 발달 장애나 인지 장애로 비행을 저지른 소년들을 보내는 교정 시설인 의료 소년원*이 미에 현에 있다는 것을 알게 되었다.

발달 장애, 인지 장애를 가진 아이들의 보호자나 지원자들에게 소년원은 가장 보내고 싶지 않은 장소일 것이다. 장애가 있는 아이들은 원래라면 소중하게 돌보고 지켜주며 성장을 도와주어야 할 존재다. 그런 아이들이 가해자가 되어 피해자를 만들어내고 교정 시설에 들어가고 있다. 그야말로 '교육의 실패'라고 말할 만한 상황이다. 최악의 결말이라고 생각할 수 있는 교정 시설에 가면 무언가 지원해줄 방법을 찾을 수 있지 않을까. 지푸라기라도 잡는 심정으로 그때까지 근무하던 정신과 병원을 그만두고 의료 소년원으로

- Occupational Therapy. 신체나 정신에 장애가 있는 사람에게 육체적 작업을 통해 개선을 꾀하는 치료법이다.
- 약물 남용이나 정신 질환 등을 앓고 있는 소년들을 수용하여 교정 교육을 하는 시설로 일본에서는 몇 개 시설을 운영하고 있으나 한국에서는 대전소년원이 일부 기능을 수행할 뿐 아직 전문적인 의료 소년원은 없다.

가기로 했다.

공립 정신과 병원의 아동정신과에서 의사로 일했던 나는 아동 및 청소년에 대해서는 웬만큼 잘 안다고 생각하고 있었다. 하지만 소년원에 가보고 현실적인 문제에 대해서는 거의 몰랐다는 사실을 깨달았다.

같은 발달 장애라고 해도 병원과는 전혀 다른 부분에서 문제가 된다는 것, 병원에 올 수 있는 아동 및 청소년은 비교적 괜찮은 환경에 놓인 아이들이라는 것도 알게 되었다. 물론 병원에 오는 아이들 중에도 학대받은 아이가 있긴 했지만, 기본적으로 병원에 온다는 것은 데리고 와줄 보호자나 지원자가 있다는 말이다. 문제가 있어도 병원에 데리고 와줄 사람이 없어서 진찰받을 기회조차 없는 아이들이 있었다. 그렇게 장애가 있다는 사실을 알지 못한 채 학교에서 따돌림당하고, 비행을 저질러 가해자가 되고, 경찰에 체포되고, 거기에 더해 소년 감별소*를 떠돌다가 비로소 그곳에서 처음으로 '장애가 있다'는 사실을 알게 되는 상황이었다. 현재의 특별 지원 교육*을 포함한 학교 교육이 제대로 기능하지 못한 결과였다.

- 한국은 소년 분류 심사원으로 개칭하였다.
- 한국은 특수 교육이라고 한다.

의료 소년원에서 근무한 뒤 여자 소년원에서도 1년 정도 근무했다. 비행 소녀가 수용되는 여자 소년원의 실태도 알아두고 싶었기 때문이다. 여자 소년원은 의료 소년원과 겹치는 부분도 있었지만 전혀 다른 문제점도 있었다. 다만 비행을 저지르는 아이들의 남녀 차이에 대한 고찰은 이 책의 주제가 아닐뿐더러 내가 이 책에서 지적하는 문제의 성질과 해결책은 근본적으로 성별에 따라 달라지지도 않기에 굳이 남녀를 구별해서 논하지는 않으려고 한다. 책에서 언급하는 사례 중에 여자 소년원에서 겪은 일도 있긴 하지만, 교정 시설에서는 모두 소년이라고 부르기에 이 책에서도 전부 소년으로 통일했다. 이들은 어떤 특징을 보이는지, 이들을 어떻게 하면 갱생시킬 수 있는지, 그리고 다시 이들 같은 비행 소년을 만들지 않기 위해서는 어떻게 해야 할지 등을 소년원 근무로 얻은 경험과 지식을 바탕으로 내가 생각하는 방법을 제안하고자 한다.

이 책은 주로 내가 의료 소년원에서 근무한 경험을 바탕으로 한다. 현재 일본에는 소년원이 약 50개 정도가 있는데, 모든 시설에 발달 장애나 인지 장애를 가진 비행 소년이 수용되어 있는 것은 아니다. 하지만 여자 소년원에서 근무한 경험을 포함하여 다른 소년원에 있는 아이들의 정보를 종

합해보고 내가 근무하던 의료 소년원의 아이들만이 특별히 다르지 않다는 사실을 알게 되었다. 이 책에서 서술하는 비행 소년의 특징이 소년원에 수용된 많은 아이들에게도 해당될 것이라고 생각한다.

차례

2장 저는 착한 사람이에요

3장 문제 행동을 하는 아이들의 특징

7장 하루 5분으로 바뀔 수 있다

1장

'반성의 문제'가 아닌 아이들

아이가 따라 그린 그림에
충격을 받은 이유

나는 2009년부터 일본 법무성 교정국 소속 법무기관으로 의료 소년원에서 6년을 근무했다. 이후 여자 소년원에서도 1년 남짓 근무했다. 지금도 비상근으로 의료 소년원에서 일하고 있으니 10년 넘게 이 일을 하는 셈이다. 의료 소년원은 특별한 돌봄이 필요한 발달 장애, 인지 장애가 있는 비행 소년이 수용되는 곳으로 이른바 소년원의 특별 지원 학교 기능을 하고 있다. 일본에는 이런 소년원이 전국에 세 곳 있다. 이들 소년의 비행 유형은 절도·공갈, 폭행·상해, 성범죄, 방화, 살인까지 대부분의 범죄가 해당한다.

내가 근무하던 의료 소년원에도 이런 비행과 범죄를 저

지른 발달 장애 혹은 지적 장애 소년들이 철창 안에 갇혀 있었다. 처음 일을 시작할 때는 무척 두려웠다. 하지만 자세히 살펴보니 아이들의 표정은 그리 어둡지 않았다. 오히려 온화했고, 옆을 지날 때면 나를 향해 씩씩하게 인사도 건넸다.

근무를 시작하자마자 나는 소년원 안에서도 가장 손이 많이 가는 소년의 진찰을 맡게 되었다. 소년원에서 '손이 많이 간다'는 의미는 학교에서 '손이 많이 간다'고 말하는 것과는 차원이 다르다. 폭행 및 상해죄로 소년원에 들어온 친구였는데, 소년원에 들어오고 나서도 폭력 행위가 몇 번이나 있었고, 교관의 지시에도 따르지 않아 보호실에 감금된 적도 여러 번이었다. 사사로운 일에도 화를 내며 책상과 의자를 던져 강화 유리에 금이 가는 일도 있었다. 소년이 방 안에서 난동을 부리면 비상벨이 울리고, 50명이나 되는 전 직원이 그리로 달려가 소년을 제압한다. 그러고 나면 화장실만 있는 보호실에 격리되어 얌전해질 때까지 나올 수 없다. 이런 일이 일주일에 한두 번 정도 계속해서 있던 소년이었다.

그런 상황에 대한 정보를 들었던 터라 나는 내심 조마조마해하며 진찰에 임했다. 어떤 흉포한 소년이 들어올까 생

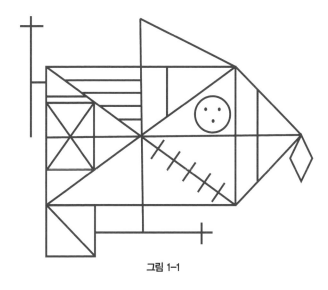

그림 1-1

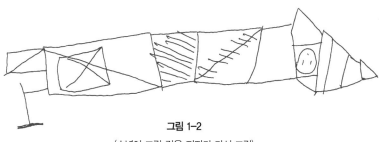

그림 1-2

(소년이 그린 것을 저자가 다시 그림)

각하고 있었는데, 마른 체형에 몸집이 작은 한 소년이 들어왔다. 표정은 얌전하고 말수도 적었다. 내가 하는 질문에도 "네" 아니면 "아니오"로만 대답했다. 가끔 "네?" 하고 되묻는 정도였다. 대화가 잘 이어지지 않아서 나는 이전의 병원에서 근무할 때 자주 사용했던 레이복합도형검사(Rey Complex Figure Test)를 실행해보았다. 그림 1-1과 같이 복잡한 도형을 보여주고 따라 그리도록 하는 과제를 내준 것이다. 이 검사는 치매 환자에게도 사용하는 신경심리검사*의 일종으로, 아이의 시각 인지력을 테스트하고 그림을 따라 그리는 과정을 통해서 시각적 기억력 및 계획 능력 등을 측정해볼 수 있다.

소년은 의외로 순순히 내 말에 따라 과제에 열심히 임했다. 하지만 그 결과, 나는 결코 잊을 수 없는 충격적인 경험을 했다. 그가 묵묵히 따라 그린 그림은 1-2와 같았다.

● Neuropsychological Test. 뇌 손상이나 뇌 기능 장애를 진단하는 검사로 뇌 및 신경적인 손상에 따른 인지 기능 및 행동 변화를 측정한다.

보이는 세계가
다른 아이들

지금도 소년의 그림을 봤을 때의 충격을 잊을 수 없다. 내가 이전까지 품고 있던 발달 장애와 인지 장애에 대한 이미지가 산산이 부서졌기 때문이다.

다른 사람에게 이 그림을 보여주고 감상을 들어본 적이 있다. 그는 담담히 "따라 그리는 게 서투네요"라고 말했다. 분명 그럴지도 모른다. 하지만 그렇게 단순한 문제가 아니다. 여러 사람에게 상해를 입힌 흉악 범죄를 저지른 소년이 이런 그림을 그렸다는 것은, 레이복합도형검사를 실행한 결과 따라 그린 그림이 1-2처럼 뒤틀려 보인다는 것은 '세상 전체가 뒤틀려 보일 가능성이 있다'는 의미다.

보는 힘이 이렇게 약하다면 분명 듣는 힘도 상당히 약해서 어른이 하는 말을 거의 알아듣지 못하거나, 알아듣더라도 왜곡해서 들을 가능성이 있다.

나는 어쩌면 이것이 소년이 비행을 저지르는 원인일지도 모른다는 생각이 들었다. 아울러 소년이 지금까지 사회에서 얼마나 힘들게 살아왔을지 쉽게 상상이 되었다. 다시 말해, 이 문제를 어떻게든 해결해야만 이 아이가 다시 비행을 저지르는 것을 막을 수 있다고 생각했다.

곧바로 소년원의 간부를 포함한 교관들에게 그림을 보여주었다. 그들도 모두 놀랐다. 한 간부는 "이런 상태라면 아무리 설교해도 소용없겠어요. 앞으로는 길게 이야기하지 맙시다"라고 말했다. 빠르게 이해해준 부분은 다행이었으나 내가 의외라고 생각한 것은 오랫동안 교관으로 일해온 전문가들이 어째서 지금까지 이런 사실을 알아차리지 못했는가 하는 점이었다. 지금까지 문제의 진짜 원인을 알아볼 생각을 하지 못하고 아이들이 불성실하다거나 의욕이 없다며 엄하게 지도해온 것일까? 그랬다면 문제는 계속 더욱 나빠지기만 했을 것이다.

'실제로 흉악 범죄를 저지른 소년들 중에 이런 아이들이 상당한 비율을 차지하는 것은 아닐까?'

'이런 현상은 성인 범죄자들에게도 마찬가지가 아닐까?'

이런 생각이 들기 시작했다.

물론 장애가 있다고 해서 범죄 행위가 용인되어서는 안 된다. 하지만 문제는 지원을 받아야 할 장애가 있는 소년들이 어째서 이런 흉악 범죄에 발을 들이게 되었는가 하는 부분이다.

나는 지금까지 수많은 비행 소년을 면담해왔다. 흉악 범죄를 저지른 소년에게 왜 그런 일을 벌였는지 물어보면 대답하지 못하고 굉장히 어려워하는 경우가 상당히 많았다. 갱생을 위해서는 자신이 저지른 범죄를 직시하고, 피해자의 심정을 제대로 들여다보며, 자신의 잘못을 반성하고 통찰하는 과정이 필요하다. 하지만 이런 아이들은 애초에 그런 능력 자체가 없는 것이다. 즉 '반성 이전의 문제'가 된다. 이런 상황이라면 피해자도 고통에서 벗어날 수가 없다.

이런 소년들 중에서 어렸을 때부터 병원 진찰을 제대로 받아본 적 있는 아이는 거의 없었다. 아이들의 보호자는 무심했고 양육 환경은 결코 좋지 않았다. 이런 환경에서 보호자가 아이의 발달 문제(그림을 따라 그리는 것이 서툴다, 공부를 따라가지 못한다, 인간관계를 맺기 힘들어한다 등)를 발견하고 병원에 데리고 가는 일은 없기 때문이다. 병원에 오는 아동은 대체로 가정환경도 안정되어 있고, 보호자도 '조금이라도 빨리 아이를 병원에 데리고 가서 진찰을 받고 문제를 해결해야겠다'는 의지가 있다.

성장 발달 문제를 안고 있다가 비행을 저지르게 되는 소년들에게 의료적 진단이 내려지는 때는, 비행을 저지르고 경찰에 체포되어 법의 심판이 내려진 후다. 이런 소년들은 애초에 일반 정신과 병원에는 오지 못한다.

보는 힘, 듣는 힘,
상상하는 힘이 부족하다

의료 소년원에서는 새로 소년이 들어오면 반드시 매회 두 시간 정도에 걸쳐 면담을 한다. 왜 그런 짓을 저질렀는지, 피해자에 대한 죄책감과 반성의 마음은 있는지를 알아보는 질문을 중심으로 면담을 진행하는데, 실제로 이런 질문들은 아이들 갱생에 그다지 도움을 주지 못한다는 사실을 알게 되었다. 소년원에 있는 아이들에 대한 유소년기의 조서를 읽어보면, 어떻게 이 정도일까 싶을 정도로 소년원에 들어오기까지 비행을 반복했다. 소년원에 갓 부임했을 때는 흉포한 녀석들만 있어서 갑자기 폭행당하는 건 아닌지 싶어 늘 조심했다. 하지만 실제로는 붙임성도 있고, 어째서 이런 아이가 여기 있을까 싶은 아이들도 있었다.

그렇지만 정말 충격적인 것은 다음과 같은 아이들이 많다는 사실이었다.

- 간단한 덧셈 뺄셈을 못한다.
- 한자를 읽지 못한다.
- 간단한 도형을 따라 그리지 못한다.

• 짧은 문장조차 따라 외우지 못한다.

이들은 보는 힘, 듣는 힘, 보이지 않는 것을 상상하는 힘이 무척 약했고 그런 탓에 공부도 뒤떨어졌다. 뿐만 아니라 이야기를 잘못 알아듣거나 주위 상황을 잘 파악하지도 못했다. 그렇다 보니 인간관계가 원만하지 못하고 집단 따돌림을 받았던 것이다. 이러한 것들이 비행의 원인이 된다는 사실을 알게 뇌었다.

그 외에 고등학생인데 구구단을 외지 못하거나, 신체 운동 기능이 떨어져서 힘 조절을 하지 못하는 문제도 있었다. 일본 지도를 보여주며 "네가 살던 곳이 어디니?"라고 물어봤을 때 모르는 경우도 있었다. 홋카이도는 대체로 알고 있었지만, 규슈를 가리키며 "여기는 어디일까?"라고 물어보면 "외국이요. 중국이에요"라고 답한 아이도 있었다. 이보다 더한 경우로 지도를 보고 "이건 무슨 도형이에요? 처음 봐요"라고 대답한 소년도 있었다. 이런 형편이니 "현재 총리대신이 누구지?"라고 물으면 아베 총리라고 제대로 답하는 소년이 거의 없다. 잠시 생각하고는 "아, 선생님. 알겠어요. 오바마예요"라고 답하기도 한다. 이런 아이들에게 못하는 것을 물어보면 한결같이 입을 모아 '공부' 또는 '다른 사람과 이야기하는 것'이라고 답한다.

'다루기 힘든 아이'로
분류되는 학교생활

　그렇다면 이들의 학교생활은 과연 어떠했을까? 이들의
학교생활을 보면 대체로 초등학교 2학년 정도부터 공부를
따라가지 못하고 친구들에게 바보 취급을 당하거나 따돌림
을 받았다. 선생님에게 불성실하다는 말을 듣거나 가정 내
에서 학대를 당하고 있는 경우도 많았다. 그러다 학교를 가
지 않거나 폭력과 절도 등 다양한 문제 행동을 일으키기 시
작한다. 하지만 초등학교에서는 '다루기 힘든 아이'로 분류
될 뿐 경도 지적 장애나 경계선 지능(확실한 지적 장애는 아니
지만 상황에 따라서 지원이 필요하다)이라고 해도 그런 상황에
놓인 것을 대부분 알아보지 못한다.
　의료 소년원에서는 아이들에게 지금까지의 내 인생을 표
현하는 '인생 그래프'를 그려보라고 한다. 가로축이 시간이
다. 한 소년은 초등학교 2~4학년 때는 자주 지각을 하고 물
건을 훔치기까지 했지만, 5학년 때는 무척 의욕 있는 선생

님을 만나서 '공부가 재미있다' '학교가 즐겁다'라고 느끼게 되었다. 분명 초등학교 5학년 때의 담임 선생님에게 있어 이 아이는 무척 가르치는 보람이 있었을 것이다. 하지만 이 소년의 인생은 중학교에 들어가면서 급격히 하강하고 말았다. 지각을 하고 수업을 빼먹고 결국 나쁜 짓을 해서 체포되어 소년원에 들어오게 된 것이다.

어째서 그렇게 된 것일까? 소년에게 직접 물어보았다. 소년은 "중학교에 갔더니 배우는 내용을 전혀 알아들을 수 없었다. 하지만 아무도 가르쳐주지 않았다. 공부를 못하니까 학교가 재미없어지고 수업을 빼먹게 되었다. 그 후에 나쁜 짓을 시작했다"고 대답했다.

다시 말해, 이 소년의 경우 중학교에서 선생님이 아이의 장애를 알아채고 열심히 공부에 대한 지도를 했더라면 비행을 저지르는 일도, 피해자가 생기는 일도 없었을 것이다. 비행 청소년이 되는 것을 미리 막기 위해서라도 공부에 대한 지원이 무척 중요하다고 느낀 사례였다.

아이들은 어느 날 갑자기 잘못된 행동을 하는 것이 아니다. 태어났을 때부터 비행을 저지른 현재까지 삶 전체가 이어져 있다. 물론 많은 사람이 여러 상황에서 아이들을 지원하고 있는 경우도 있다. 하지만 그 지원이 제대로 이루어지지 못하고 도저히 감당할 수 없게 된 아이들이 최종적으로 소년원에 도달하고 있다. 이는 어떤 의미에서 '교육의 실패' 라고도 할 수 있다.

칭찬 교육은
문제를 미뤄둘 뿐이다

학교에서 문제의 원인을 알아보지 못한 아이들은 그 후 어떻게 될까?

학교에 있는 동안에는 그나마 괜찮다. 아직 선생님의 눈길이 미치는 환경에 놓여 있으니 말이다. 문제는 졸업한 뒤다. 학교를 마치고 사회에 나오면 아무도 보살펴주지 않는다. 사회에 나오면 일을 하는 데 더 높은 능력이 요구된다. 주어진 일을 제대로 수행하지 못하고 실패하면 비난을 받는다. 그게 싫어서 일을 그만두고 직장을 계속 옮겨 다닌다. 인간관계를 원만히 이어나가지 못해 집 안에 틀어박혀 생활하는 사람도 있다.

하지만 이들은 자신에게 도움을 받아야 할 문제가 있다는 사실을 모른다. 평범하다고 생각하기에 스스로 도움을 요청할 생각을 하지 못한다. 그렇게 그들은 사회에서 잊힌다. 최악의 경우 범죄를 저지르고 형무소*에 들어가는 일도 생긴다. 실제로 형무소에는 학교에서 그 원인을 알아봐주지 못하고 사회에서 잊힌 사람도 있다.

아이들이 이런 성장 과정을 겪지 않도록 조기에 발견하여 지원해야 한다. 대체로 초등학교 저학년부터 신호가 나타나기 시작한다. 그 신호를 놓치지 말고 지원이 이루어져야 한다.

하지만 여기에서 또 다른 문제가 생긴다. 아이들이 보내는 다양한 신호를 발견했다 하더라도 어떻게 대응할 것인가. 현재의 교육 및 보육 현장에서 이루어지고 있는 지원의 형태는 대개 '장점을 찾아 칭찬한다' '자신감을 높여준다'는 쪽에 맞춰져 있다. 아이의 능력에 편차가 있을 경우 못하는 것을 자꾸 시키면 자신감을 잃으니 잘하는 부분을 찾아 키워준다, 장점을 찾아 칭찬한다는 방향으로 지도하는 경우가 많다.

하지만 '못하는 것을 더 이상 하게 하지 않는다'는 것은 무척이나 무서운 발상이다. 지원해주는 쪽에서 '어떤 부분

● 한국은 교도소로 개칭하였다.

은 실력이 좋아질 가능성이 적다'라고 정확하게 확인은 하고 있는 것일까? 혹시 확인도 하지 않고 '본인이 힘들어하니까'라는 이유로 서툰 것을 하지 않도록 한다면 아이의 가능성을 짓누르는 일이 된다. 이러면 어떤 의미에서 지원자가 장애를 만든다고도 할 수 있다.

예를 들어, 일주일에 한 번씩 물건을 잃어버리는 아이가 있다고 하자. 이것을 '늘 물건을 잃어버린다'라고 볼지 반대로 '일주일에 4일은 물건을 잃어버리지 않는다'라고 볼지에 따라 아이에 대한 대응이 달라진다. 현재의 칭찬 교육은 물건을 잃어버리는 것에 주의를 주지 않고, 잃어버리지 않는다는 점에 주목해 그 점을 칭찬하여 강화하는 형태다. 분명 칭찬으로 좋아지는 부분도 있다. 그렇더라도 일주일에 한 번씩 물건을 잃어버리는 상황이 변하지 않는다면 칭찬보다는 잃어버리지 않도록 주의력 및 집중력을 키워주어야 한다. 그렇지 않으면 문제는 근본적으로 해결되지 않는다. 이런 문제가 발생한 경우 '칭찬 교육'은 문제를 나중으로 미루는 것밖에 되지 않는다.

변화를 위한
그룹 트레이닝

흔히들 소년원에 가는 아이는 손쓸 수 없는 나쁜 아이라서 사회에 나오더라도 소용없다고 생각할지도 모르겠다. 분명 소년원에 수감된 적이 있는 사람이 다시 수감되는 비율이 높다. 성인이 되면 형무소에 들어가는 비율도 상당하다. 몇 번이고 입·퇴소를 반복하는 범죄자도 있다. 그런 사람들을 변화시킬 수 있을까?

결코 불가능한 일은 아니다. 나는 지금까지 소년원에서 보는 힘과 듣는 힘을 키우기 위해 두뇌를 사용하는 그룹 트레이닝을 몇 년이나 실시해왔다. 트레이닝은 1회에 두 시간 정도 걸리는데, 예상과는 다르게 참석한 전원이 그 시간 동안 지겨워하지 않고 집중해서 임했다. 개중에는 늘 산만하고 사회에서 주의력결핍 및 과잉행동장애(ADHD, Attention Deficit Hyperactivity Disorder)를 진단받은 소년들도 있었는데, 내가 그들을 배려해서 긴장을 풀어주기 위해 잡담이라도 하면 "선생님, 시간 없으니까 빨리 해요"라며 트레이닝을 재촉할 때도 있었다. 외부에서 견학 온 선생님들로부터 "두 시간이나 차분히 앉아 있을 수 있다니, 믿기 어렵군요"라는 말을 종종 듣기도 했다.

트레이닝에 대한 소문을 듣고 다른 비행 소년들이 "저는 멍청한 걸로 따지면 자신 있어요. 저도 참여하게 해주세요"라고 부탁해오는 일도 있었다. 사실 이 아이들은 배움과 인정받는 것에 굶주려 있다. 비행 소년이라고 하더라도 방법에 따라 얼마든지 변화할 가능성이 있다. 학교에 있는 평범한 아이들은 말할 것도 없다. 그런 아이들은 1회 두 시간도 필요 없다. 7장에서 자세히 소개하겠지만, 아침에 5분씩 매일같이 다양하게 트레이닝하면 아이들은 충분히 변화할 수 있다.

어떻게 하면 그릇된 행동을 막을 수 있을까? 비행을 저지르는 아이들에게는 어떤 교육이 효과적일까? 그리고 지금 그런 위험 앞에 놓인 아이들에게 어떤 교육을 할 수 있을까? 이런 문제의식을 공유하고, 가해 소년에 대한 분노를 그들에 대한 이해와 지원으로 바꾸는 것. 그로 인해 아이들의 비행에 따른 피해자를 줄이는 것. 범죄자를 어엿한 사회인으로 바꿔 사회를 풍요롭게 하는 것. 이것이 이 책의 목적이다.

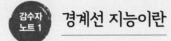 **경계선 지능이란**

 '경계선 지능'이란 지능지수(IQ)가 70~84로 생활과 학습 등에 어려움이 있어 관심을 갖고 살펴봐야 하는 대상을 일컫는 용어로 공식 명칭은 '경계선 지적 기능'입니다. IQ 55~69에 해당하는 '경도 지적 장애'와는 달리 장애로 인정받지 않습니다. 다만 이 책에서 저자는 '지적 취약점을 가졌다'는 의미로 간혹 경계선 지능과 경도 지적 장애를 묶어서 설명할 때가 있는데 책에 한해 이해하는 용도로 삼고, 실제적으로는 구분해서 인식하고 사용하는 것이 바람직하겠습니다.

 경계선 지능에 대한 관심 및 연구는 미국에서 먼저 시작되었습니다. 1960년대에 미국지적장애협회(American Association on Mental Retardation)에서는 IQ가 70~85에 속하는 사람들을 정신 지체(현 지적 장애)가 있는 것으로 진단했습니다. 하지만 교사와 학부모를 중심으로 IQ가 70~85에 속하는 사람을 지적 장애인에 포함시키는 것은 과도하다며, 이들이 학교에 있는 동안에만 어려움을 겪을 뿐 학교를 벗어나면 대체로 생활을 잘

한다는 점을 들어 학교에 있는 '여섯 시간만 정신 지체'라는 주장을 제기했습니다. 이 제안이 받아들여져 1970년대 초반 정신 지체 진단 체계가 수정되었고, 경계선 지적 기능을 가진 사람들은 장애 진단 기준에서 벗어나게 되었습니다.

한국의 경계선 지능 구분은 미국정신의학회(American Psychiatric Association)의 〈정신 장애 진단 및 통계 편람(DSM, Diagnostic and Statistical Manual of Mental Disorders)〉의 기준을 따릅니다. DSM은 전 세계적으로 가장 널리 사용되고 있는 정신 장애 진단 분류 체계 중 하나로 현재 다섯 번째 개정판(DSM-5)이 발간되었습니다.

1952년에 발간된 1판에서는 평균 이하의 지능을 가진 사람을 정신 지체라고 정의했습니다. 1968년에 발간된 2판에서는 IQ 68~83에 해당되는 사람을 '경계선 정신 지체'라고 불렀고, 1980년에 발간된 3판에서는 극적인 변화를 이루어 IQ 71~84에 해당하는 사람을 '경계선 지적 기능'이라고 정의하면서 더 이상 장애인으로 분류하지 않게 되었습니다. 이후 1987년에 발간된 3판 개정판과, 1994년과 2000년에 발간된 4판과 4판 개정판에서는 3판과 동일한 기조를 유지하다가 2013년에 발간된 5판에서는 이전과는 달리 IQ를 기준으로 하지 않고 그저 증상의 나열로만 구분하고 있는데, 실제 적용하는 데는 어려움이 있어 의견이 분분한 편입니다. 참고로 현재 쓰이고 있는 지적 장애라는 용어도 DSM-5에 따른 것입니다.

우리나라의 경우는 1970~1980년대에 관련해서 다양한 논의가 있었는데, 당시 정신 지체(현 지적 장애)는 18세 이하의 평균 이하의 지적 기능을 가진 자로 적응 행동에 결함이 있는 자로 정의했습니다. 지금은 IQ 70 이하의 사람을 지적 장애인으로 규정하고 있습니다.

덧붙이자면 DSM-5에서는 지적 장애를 지적 능력 및 심리적·사회적 적응 정도에 따라 경도, 중등도, 중도(重度, 중증), 최중도(最重度)로 나누고 있습니다. 책에 의하면 일본도 이 기준을 따르는 것으로 보입니다. 경도는 IQ 50~55부터 70까지를 말하며 전체 지적 장애 중 가장 많은 비중, 약 85퍼센트를 차지한다고 합니다. 중등도는 IQ 35~40부터 50~55까지를 말하며 전체 지적 장애 중 약 10퍼센트를 차지합니다. 중도는 IQ 20~25부터 35~40까지를, 최중도는 IQ 20~25 미만으로 각각 약 4퍼센트, 1퍼센트를 차지한다고 보고 있지만 실제적으로는 표준화된 지능 검사에서 최하 규준을 적용해도 측정하기는 어렵습니다.

큰 범주에서 본다면 경계선 지능도 일종의 인지 장애라고 할 수 있습니다. 인지 장애는 기억력, 판단력, 언어 능력, 시공간 파악 능력과 같은 인지력에 결함이 있는 상태를 말합니다. 따라서 발달 장애나 지적 장애뿐 아니라 사고 등으로 뇌 손상을 입은 경우, 치매나 뇌졸중으로 인지적 손상을 입은 상태를 모두 포함하는 말입니다. 즉 인지 기능은 나이가 든 어른들도 떨어질 수 있습니다. 그런 만큼 아이뿐 아니라 어른들도 떨어진 인지 기능을 개선하는 트레이닝을 해주는 것이 도움이 됩니다.

참고로 발달 장애는 신체 및 정신이 해당하는 나이에 맞게 발달하지 않은 상태를 뜻하는 말로, 이전에는 자폐 범주성 장애를 지칭했으나 현재는 발달 장애 안에 자폐 범주성 장애와 지적 장애를 모두 포함합니다. 자폐 범주성 장애는 관심사와 활동 범위가 한정되어 있고 특정한 행동을 반복적으로 하며 타인과의 의사소통이 원활하지 못합니다. 지적 장애는 자폐적 증상 없이 인지 장애를 가진 것을 뜻합니다. ADHD는 인지 기능이 높거나 낮은 정도에 상관없이 유전적·신경학적·사회심리학적으로 영향을 받아 주의 산만, 과잉 행동, 충동성을 나타나는 경향을 뜻합니다.

경계선 지능 파악이 어려운 이유

사실 IQ만으로 경계선 지능을 진단하지는 않습니다. 우울 증이나 조현병 등이 있으면 인지 기능이 일시적으로 저하될 수 있기 때문입니다. 학습 부진, 신체 운동 협응 및 소설의 어려움, 언어 발달 지연 등의 동반되는 증상이 있을 때 비로소 경계선 지능으로 진단합니다.

경계선 지능은 유아기일 때는 알아채기 어렵습니다. 이때는 외견상 다른 아이들과 별반 다를 바 없고, 문제가 있더라도 조금 늦되다 하고 넘어가는 경향이 있기 때문입니다. 하지만 학령기에 접어들면서 문제가 생깁니다. 학교 수업은 이전보다 고차원적인 사고 능력이 필요하기 때문입니다.

학교에서 아이들과 어울리면서 새로운 문제가 생기기도 합니다. 경계선 지능의 아이들은 또래들과 함께 집단으로 놀기보다는 혼자 노는 경우가 많습니다. 따라서 학교에서 개별적인 관심을 받지 못하면 무기력과 소외감을 느끼기 쉽습니다. 즉 보통의 아이들처럼 경계선 지능의 아이들도 사랑받고 싶고,

인정받고 싶고, 주도적으로 뭔가 하고 싶고, 새로운 경험을 쌓고 싶어 하는 욕구가 있습니다. 이런 정서적 욕구를 충족시키는 것이 정서 발달에 도움이 되기도 합니다.

하지만 겉으로는 별문제가 없어 보이기에 많은 학부모와 교사가 아이의 문제를 성격이나 가정교육의 문제로 생각하고 잘못된 방식으로 접근합니다. 아이를 다그치거나 버릇을 고쳐놓겠다고 엄히 다스리는 것입니다. 이는 문제를 악화시킬 뿐 해결책이 되지 못합니다. 따라서 적절한 방법을 찾아야 합니다.

아이가 학교에 입학한 이후 학습이나 인지 수준, 언어 발달이 또래 친구들과 묘하게 다르다는 것이 느껴진다면, 혹은 아이의 행동이 지나치게 과격하거나 이상하게 미심쩍은 부분이 있다면 무조건 다그치고 단단히 혼내기보다는 아이에게 다른 정서적·인지적 문제가 없는지 먼저 살펴봐야 합니다. 이후 인지 기능을 높이는 훈련을 해보는 것도 좋고, 아동정신과나 아동심리상담소에 방문해보는 것도 좋습니다. 요새는 관련 모임이 많아 정보를 얻고 나누는 게 비교적 쉽습니다.

경계선 지능 및 경도 지적 장애의 경우는 사회적·교육적 지원도 필요하지만 아이에 대한 부모의 관심과 이해가 절대적입니다. 아이들이 결국 많은 시간을 보내는 곳은 가정이고, 정서적으로 가장 가깝게 여기는 사람은 부모이기 때문입니다.

2장

저는 착한 사람이에요

케이크를
자르지 못하는 아이들

　나는 소년원에서 근무하기 전, 공립 정신과 병원의 아동 정신과에서 일했다. 병원에서 일하며 많은 고민 끝에 일단 의료 현장을 벗어나 의료 소년원에 부임했고, 소년원에서 놀라운 일을 몇 번이나 경험했다. 그중 하나가 흉악 범죄를 저지른 아이들이 '케이크를 제대로 나누지 못한다'는 사실이었다.

　폭력적 언동이 눈에 띄는 한 소년을 면담했을 때였다. 책상을 사이에 두고 그와 마주앉은 나는 A4 크기의 종이를 꺼내 원을 그렸다. 그리고 "여기에 케이크가 있어요. 세 명이 함께 먹는다면 어떻게 자르면 좋을까요? 모두 같은 양을

먹을 수 있게 잘라보세요"라고 문제를 내보았다.

그러자 소년은 일단 케이크를 가로로 반을 잘랐다. 그러고는 한참 고민하더니 더 이상 움직임이 없었다. 실패했구나 싶어 "그럼 다시 한 번 해볼까요?"라고 말하고 나는 다른 종이에 원을 그렸다. 소년은 또 먼저 가로로 자르고는 이후 고민에 빠졌다.

나는 깜짝 놀랐다. 어째서 이렇게 간단한 문제를 풀지 못하는 걸까. 어째서 자동차 벤츠 엠블럼처럼 바로 3등분하지 못하는 걸까? 이후로도 몇 번인가 다시 문제를 내보았지만, 소년은 그림 2-1처럼 가로로 반만 자르거나 4등분을 하고는 곤란하다는 듯 한숨을 쉬기도 했다. 어떤 소년은 그림 2-2처럼 자르기도 했다. "그러면 다섯 명이서 먹는다면 어떻게 나눠야 할까요?"라고 물어보니, 소년은 이번에는 알았다며 재빨리 둥근 케이크에 세로로 선 네 개를 그어 자신 있게 그림 2-3처럼 잘랐다.

다섯 조각으로 나누기는 했지만 5등분으로 나누지는 못했다. 내가 "모두 같은 크기로 잘라주세요"라고 말하니 소년은 다시 고민을 한 끝에 포기한 듯이 그림 2-4처럼 잘랐다.

초등학교 저학년 아이들이나 지적 장애가 있는 아이들

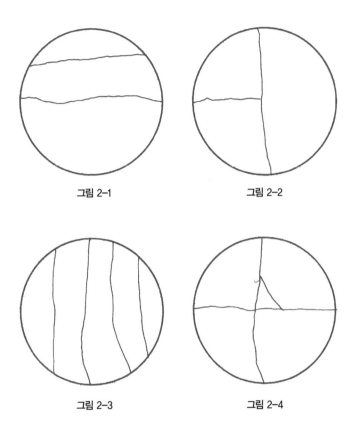

그림 2-1   그림 2-2

그림 2-3   그림 2-4

(소년들이 그린 것을 저자가 다시 그림)

에게서 이런 식으로 케이크를 자르는 모습을 종종 볼 수 있기에 이 그림 자체는 문제가 되지 않는다. 다만 이렇게 자른 사람이 강도, 강간, 살인 등의 흉악 범죄를 저지른 비행 소년들이라는 것, 그리고 이들이 중학생, 고등학생 연령이라는 것이 문제였다. 이들에게 잘못된 행동에 대한 반성과 피해자의 마음을 헤아려보게 하는 지금까지의 교정 교육을 시행해봤자 대부분 한쪽 귀로 듣고 한쪽 귀로 흘려버릴 것임은 쉽게 상상할 수 있었다. 저지른 범죄에 대한 반성 이전의 문제인 것이다. 게다가 이렇게 케이크를 제대로 나눌 수 없는 소년들이 지금까지 얼마나 많은 좌절을 경험했을지, 사회에서 얼마나 힘들게 살았을지도 알 수 있었다.

하지만 더 큰 문제는 학교에서 이런 아이들에 대한 문제를 인식하지 못했다는 점, 아이들이 힘들어하는 부분을 알아채지 못하고 특별한 배려를 해주지 못했다는 점이었다. 그렇게 학교생활에 적응하지 못하다가 비행을 저지르고, 마지막으로 도달한 소년원에서도 이해받지 못하고 '비행에 대한 반성만 끊임없이 강요받았다는 점'이었다.

계산이나
글 읽는 것도 서툴다

소년원에는 이런 아이들이 다수 있었다.

아이들을 면담할 때는 항상 간단한 계산 문제를 내곤 했다. "100에서 7을 빼면 몇이지?"

이런 질문에 제대로 대답하는 소년은 반 정도였다. 많은 소년이 "3", "993", "107" 같은 대답을 했다. "93"이라고 정확하게 대답하면 "그러면 거기서 또 7을 빼면 몇일까?"라고 묻는다. 그러면 거의 대부분이 대답하지 못했다. "1/3+1/2은?"이라고 물으면 대부분의 소년들이 예상대로 "2/5"라고 대답했다.

소년원에 수감된 아이들은 기본적으로 한자를 읽지 못한다는 전제를 깔고 소년원에서 나오는 교재에는 한자 위에 전부 발음이 붙어 있다. 신문은 그렇지 않기 때문에 신문을 읽지 못하는 아이들도 많다. 자유 시간에 차례대로 신문을 돌려가며 열람할 기회도 있지만, 소년들이 보는 것은 한결같이 잡지 광고란에 있는 여성 사진뿐인 상황이었다.

소년원 내에서 이런 아이들에게 한자나 계산법을 익히도록 반복해서 학습을 시켰는데, 대체로 초등학교 저학년 수

준의 것부터 시작했다. 처음부터 초등학교 6학년 수준의 계산을 할 수 있으면 상당히 우수한 편이라고 할 수 있었다.

계획을 세우는 힘과
예측 능력이 부족하다

정해진 면담을 하는 과정에서 아이들에게 어쩌다가 그런 나쁜 짓을 하게 되었는지 물어본다. 그러면 "앞뒤 생각이 없었어요"라고 모두들 입을 맞춘 듯 대답한다. 그러고는 앞으로의 목표로 "지금부터는 앞뒤를 생각한 후에 행동하고 싶어요"라고 말한다.

여기서 말하는 '앞뒤를 생각한다'는 것은 계획을 세우는 힘이다. 전문 용어로 '실행 기능'이라고 한다. 실행 기능이 약하면 무엇이든 생각나는 대로 행동하는 상태가 된다. 이들은 "게임기 소프트웨어를 사고 싶은데 돈이 없어서 사람을 찌르고 돈을 빼앗았다" "여자애들한테 관심 있는데 동급생은 무서워서 어린 여자애를 만졌다"와 같이 즉흥적으로 비행을 저지른다.

예를 들어, 이런 아이들에게 다음과 같은 질문을 했다고 가정해보자.

"지금 가지고 있는 돈이 얼마 없어요. 그런데 일주일 후까지 10만 엔(약 110만 원)을 준비해야만 해요. 어떻게 해야 할까요? 어떤 방법이라도 상관없으니 생각해보세요."

'어떤 방법이라도 상관없다'는 말이 나왔으니 친척에게 빌린다, 소액 대출을 받는다, 훔친다, 남을 속여서 돈을 빼앗는다, 은행을 턴다와 같은 대답이 나온다. '(친척 등에게) 빌린다'는 선택지와 '훔친다'는 선택지가 아무렇지도 않게 나란히 나오는 것이다. '훔치는 것'과 같은 선택을 하게 되면 나중에 심각한 상황을 겪을 수 있고, 무엇보다 생각대로 일이 진행되지 않을 가능성도 있다고 판단하는 것이 보통일 것이다. 이렇게 생각하는 사람은 앞으로 일어날 일을 유추할 수 있는 예측력이 있는 사람이다.

하지만 앞으로 일어날 일을 헤아려 계획을 세우는 힘이 약하면, 즉 실행 기능이 약하면 과정이 더 간단해 보이는 '훔친다' '속여서 빼앗는다'와 같은 방법을 선택하기도 한다.

세상에는 "어쩌면 그런 바보 같은 짓을 저질렀을까?" 하는 사건이 많은데, 그런 짓을 저지른 사람들에게는 '앞뒤를 생각하는 힘이 약하다'라는 문제가 숨어 있다. 비행 소년들 중에도 이렇게 앞을 내다보고 계획을 세우는 힘이 약해서

과정이 간단해 보이는 방법을 택해 나쁜 짓을 저지른 소년
들이 많았다.

반성이란 없다, 갈등조차 하지 않는다

중고등학교 교사 출신으로 범죄자 교육과 상담까지 했던
고(故) 오카모토 시게키(岡本茂樹)의 저서 《반성의 역설 : 반
성을 시키면 범죄자가 된다(反省させると犯罪者になります)》를
읽었을 때, 나는 '반성할 수 있는 것만으로도 훌륭하지 않
나?'라는 생각이 제일 먼저 들었다.

내가 만나온 비행 소년들 중에는 반성조차 하지 못하는
아이들이 많았다. 유아를 강제 추행한 소년에게 "왜 그런
짓을 했지?"라고 물어봐도 대부분 "음……" 하고 신음만 내
며 아무 말도 하지 못했다. 한참 생각한 끝에 돌아오는 대
답은 "만지고 싶어서요" 정도다. "피해자에 대해서는 어떤
마음이 들어?"라고 물으면 "잘못했어요"라는 대답이 바로
돌아온다. 하지만 이는 반성의 말이 아니다.

나는 죄를 지은 소년에게는 처음부터 반성의 말을 기대

하지 않는다. 처음에는 거짓으로 얼버무리려고 해도 상관 없다. 시간을 들여 사고방식을 조금씩 고쳐가면 된다. 적어도 잘못된 짓을 저지르고 말았다고 후회하는 모습을 볼 수 있는 것만으로도 좋다. 거기서부터 조금씩 갱생해나갈 수 있기 때문이다.

하지만 실제 소년들에게서 그런 기미는 전혀 보이지 않았다. 소년원에 들어와서 어떻게 느꼈는지를 물어봐도 싱글거리면서 "뭐 그렇죠" "즐거워요"라는 식으로 대답했다. 애초에 자신이 놓여 있는 입장을 이해하지 못하는 것이다.

이들은 소년원 안에서 자주 트러블을 일으켰다. 같은 방에 있는 아이가 자신을 노려본다, 자신을 보고 실실 웃는다, 혼잣말이 시끄럽다 하는 등의 일들이 자주 있었다.

이들은 빈번하게 "짜증나요, 약 주세요"라고 호소했다. 겨우 그 정도로 정신과 약을 처방하는 일은 없다. 처음에는 다들 스트레스가 쌓여서 짜증을 내는 것이라고 생각했다.

하지만 진료를 계속하면서 이들이 모든 것에 대해 '짜증난다'는 말을 사용한다는 것을 알았다. 담당 교관이 오지 않아서 짜증나고, 부모가 면회를 오지 않아서 짜증나는 것까지는 그래도 이해할 수 있었다. 그런데 배가 고파도 짜증나고, 더워도 짜증나고, 슬픈 일이 있어도 짜증나고, 피해자에게 나쁜 기억을 남겼다는 사실을 깨닫고는 스스로에게도 짜증이 난다고 하는 것이었다. 사실 이들은 '짜증난다' 외에는 딱히 감정을 표현하는 말을 모르는 것이다.

'나는 착한 사람'이라는 생각

이외에도 면담을 할 때는 항상 죄를 저지른 자신을 어떻게 생각하는지 물어보는 것을 방침으로 하고 있다. 자신을 올바르게 아는 것이 갱생의 시작이기 때문이다.

이는 단순히 갱생에만 해당되는 사항이 아니다. 학교에서도 부적응 행동을 하는 아이가 '내게는 문제가 없다'고 생각하고 있으면, 자신을 올바르게 고치고 싶다는 마음이 생기지도 않고 자신을 바꾸기 위한 동기부여도 할 수 없다.

나는 소년들을 면담할 때 "자신이 어떤 사람이라고 생각합니까?"라는 질문으로 시작한다. 처음 소년원에서 이런 질문을 했을 때 "돌이킬 수 없는 일을 저지르고 말았습니다. 저는 최악의 인간입니다"라고 말할 것을 기대했다. 가정 재판소*의 처우를 납득하지 못하고 "상대방이 나빴다, 나는

64

속았다"라고 말하는 소년도 있었지만, 그래도 이런 대답은 예상 범위 안에 있는 것이었다.

내가 놀란 것은 약 80퍼센트의 소년이 "저는 착한 사람이에요"라고 대답한다는 점이었다. 연속 강간, 평생 지울 수 없는 후유증을 입힌 폭행 및 상해·방화·살인 등과 같이 아무리 심각한 범죄를 저지른 소년들일지라도 마찬가지였다. 나는 내 귀를 의심했다. 그런데 아무래도 이들은 진심으로 그렇게 생각하는 보양이었다.

살인을 저지른 한 소년도 자신이 "착하다"고 대답했다. 그래서 "어떤 부분이 착하지?"라고 물었다. 그랬더니 "어린아이나 노인들에게 친절해요" "친구들에게 착하다는 말을 들었어요"라는 등의 대답을 했다. 짐작되는 부분이 있었다. 그래서 다음으로 "네가 ○○을 해서 사람이 죽었어. 이건 살인이야. 그래도 네가 착한 사람이니?"라고 물어보면 그때야 처음으로 "아……. 착하지 않네요"라고 대답한다.

말하자면, 그만큼 구체적으로 말해주지 않으면 깨닫지 못하는 것이다. 대체 어떻게 된 일일까? 이런 상황이라면 피해자나 그 유족에게 사죄할 수 있을 리가 없다. 체포되어

● 한국은 가정법원이다.

소년원에 들어오기까지 한 달 넘게 지내며 그사이에 자신
이 저지른 범죄의 심각성을 충분히 알고 있었을 텐데도 말
이다.

아이들의 집착이
향하는 곳

몇 년 전에 살인 사건을 저지른 소년이 "사람을 죽여보고
싶었다"고 말해 일본 사회를 충격에 빠뜨린 일이 있었다.

그런데 과연 이 아이가 독특한 사례일까? 미성년자가 사
람을 죽여보고 싶다는 이유로 살인을 저지르면 큰 사건이
된다. 그나마 사람을 죽여보고 싶다고 생각해 사람을 찔렀
지만 다행히도 피해자가 사망하지 않았다면 살인 미수가
되어 세상에 그리 크게 보도되지는 않는다. 똑같이 '사람을
죽여보고 싶은' 기분을 가지고 실행했는데도 말이다. 나는
'사람을 죽여보고 싶다'고 생각하는 비행 소년이 상당히 많
지 않을까 생각한다. 실제로 그 생각을 실행에 옮기고 미수
로 끝나 소년원에 들어온 아이들이 적지 않다.

그렇다면 소년원에 들어와 교육을 받고 나면 '사람을 죽

여보고 싶은 기분'이 사라질까?

한 소년이 사람을 죽여보고 싶어서 어떤 어른을 찔렀다. 다행히 피해자는 목숨을 건졌고, 소년은 소년원에 들어왔다. 몇 년이 지나고 소년원을 나가기 직전, 나와 면담하는 도중 소년은 이렇게 말했다.

"법무교관 선생님에게는 혼나기 때문에 사람을 죽여보고 싶다는 마음이 '사라졌다'고 말했지만, 사실은 아직 없어지지 않았어요."

"또 해보고 싶어요."

소년이 웃으며 이렇게 말하던 것을 똑똑히 기억한다. 그 후에 소년원 간부들에게 이 사실이 알려져 그때부터 법무교관들의 태도가 변했고, 이 이야기를 전해 들었는지 소년은 더 이상 입을 열지 않았다. 그 후에는 무엇을 물어도 "이제 죽이고 싶은 기분은 들지 않아요"라는 대답만 반복했다. 하지만 그런 기분이 사라졌다고 믿기는 어려운 상황이었다.

자폐 범주성 장애가 있는 아이들은 독특한 집착을 가지는 성향이 있다. 그 집착이 좋은 방향으로 향하면 훌륭한 위업을 달성하는 것으로 이어진다. 하지만 사람을 죽여보는 것 같은 방향으로 향하면 위험하다. 그런 집착을 없애는 것은 무척 어렵다.

2014년 나가사키 사세보에서 한 고등학생이 동급생을 살해하여 충격을 안겨준 일이 있다. 사람을 죽여보고 싶은 것이 살해 동기였는데, 이 학생으로부터 그런 마음을 없애는 일은 그렇게 간단하지 않을 것으로 생각된다.

그렇다면 이런 아이들에게는 어떤 처방을 내려야 하는 걸까? 7장에서 이러한 기분을 제어할 수 있는 트레이닝을 소개하도록 하겠다.

왜곡된 대인 인지가
일으키는 행위

내가 근무하던 소년원에는 강제 추행이나 강간 미수, 강간 등 성범죄를 저지른 소년이 상당히 높은 비율을 차지하고 있었다. 그중 유아를 노린 강제 추행 사건이 특히 많았다.

성범죄 사건이라고 하면 대체로 범인이 비정상적인 성욕을 가지고 있을 것이라고 생각한다. 나도 교정 시설에서 근무하기 전까지는 그렇게 생각했다.

분명 개중에는 과도하게 여자를 좋아하는 소년도 있었

다. 교정 시설에는 외부에서 견학 오는 사람도 많은데, 통상 견학 온 사람들은 소년들의 모습을 볼 수 없지만 이동 중에 우연히 스쳐 지나가는 일이 있다. 이럴 때 소년들은 견학 온 사람들과 얼굴이 마주치지 않게 벽 쪽으로 돌아서도록 지도받고 있지만, 아무리 그래도 소년들은 곁눈질로 몰래 훔쳐보곤 했다. 견학을 오는 사람은 주로 보호사(保護司)*가 많고 대체로 연령층이 높지만, 가끔 여대생이 올 때도 있었 다. 그럴 때는 소년들의 눈빛이 달라진다. 강제 추행을 저지 른 한 소년은 눈이 빨갛게 되어 "선생님, 밤까지 참지 못하 겠어요"라고 말하기도 했다. 여대생의 모습을 눈에 새겨두 었다가 나중에 자위행위를 하는 것이다.

하지만 유아를 대상으로 강제 추행을 한 성범죄 소년은 대체로 성욕이 특별히 강하지도 않고 성인 여성에게도 그 다지 관심이 없었다. 오히려 성인 여성을 무서워하는 경향 이 있어 "여덟 살까지의 여자애에게만 관심이 있다, 아홉 살이 넘으면 무섭다"는 소년도 있었다.

아동의 발달 단계에 '아홉 살의 벽'이란 개념이 있는데, 그 벽을 넘으면 아동은 이전과는 전혀 달라진다. 발달 변화

● 일본의 법무대신이나 지방 갱생 보호 위원회 위원장의 위촉을 받아 범죄자 갱생 및 범죄 예방을 담당하는 민간 봉사자들을 말한다.

중 한 가지로 상상력이 급속하게 발달하여 말이 유창해지는 시기가 있는데, 그 시기가 대략 아홉 살 무렵이다. '아홉 살을 넘으면 무섭다'는 말은 그런 이치에서 이해할 수 있다. 그런 이유로 그들은 당연히 또래와는 건전한 교제를 하지 못한다. 하지만 여자와 사이좋게 지내고는 싶다. 그래서 여덟 살 이하의 여아에게 관심을 갖는 것이다.

면담하면서 내가 느끼기로는, 처음부터 유아를 상대로 성적 행동을 하려고 했던 것으로는 보이지 않았다. '이 아이라면 나를 이해해줄 거야'라는 생각에 자신보다 열 살도 더 어린 유아에게 사랑의 마음을 품게 되는 왜곡된 대인 인지에서 발생한 것으로 보이는 사례가 많았다.

성인 영상물로부터 영향을 받은 케이스도 많다. 발달 장애가 있는 청년에게서도 가끔 듣는 건데, 성인 영상물을 보면 처음에는 싫어하던 여자가 나중에는 좋아하는 장면이 나오는데 그걸 보고는 "사실 강간을 좋아한다고 생각했다"고 자신의 범죄 이유를 말하는 소년도 있었다.

3장

문제 행동을 하는 아이들의 특징

아이들에게서 나타나는
여섯 가지 이상 징후

지금까지 소년원에서 수백 명의 비행 소년과 면담을 해오며 정도의 차이는 있지만 다음과 같은 유사점이 있음을 발견했다. 공부를 따라가지 못한다, 커뮤니케이션이 서툴러 인간관계가 엉망이다, 융통성이 없다, 생각나는 대로 행동한다, 쉽게 감정적이 된다, 상대를 생각하지 않고 행동한다, 힘 조절을 못한다 등.

그러한 유사점을 여섯 가지로 분류해 '문제 아이들의 특징 5+1'로 정리해보았다. 보호자의 양육 문제와는 별도로 이들에게는 분명 이 중 몇 가지 특징이 함께 나타났다.

- **인지 기능이 약하다** : 보고 듣고 상상하는 힘이 약하다
- **감정 제어 능력이 약하다** : 감정을 통제하지 못하고 쉽게 화를 낸다
- **융통성이 없다** : 어떤 일이든 생각나는 대로 행동하며 예상 밖 일에 대처하기 어려워한다
- **자기 평가가 부적절하다** : 자신의 문제점을 모르고, 자신감이 지나치게 넘치거나 반대로 지나치게 부족하다
- **인간관계를 맺는 능력이 약하다** : 다른 사람과 커뮤니케이션을 잘하지 못한다
- (+1)**신체 운동 기능이 떨어진다** : 힘 조절을 못하고 자신의 몸을 다루는 것이 서투르다

이 장에서는 '5+1'로 분류한 각각의 특징에 대해 자세히 설명하려고 한다. '신체 운동 기능이 떨어진다'를 '+1'로 정리한 것은 어릴 때 스포츠 활동을 한 아이들은 신체 기능이 우수해 해당되지 않는 경우가 있기 때문이다. 아울러 7장에서 이러한 특징이 보이면 구체적으로 어떻게 대처하면 좋을지, 소년원에서 교육하면서 얻은 지식과 경험을 바탕으로 학교 교육에서도 활용할 수 있게 구상한 방법을 소개하고자 한다.

보고 듣고 상상하는 힘이 약하다

비행 소년들에게 상해 사건을 일으킨 연유를 물어보면 '상대가 노려봐서'라는 말을 자주 듣는다.

소년원에서 생활을 하면서도 다른 아이를 가리키며 "저 녀석은 항상 내 얼굴을 보고 실실 웃어요" "나를 째려봐요" 라는 호소를 많이들 한다. 하지만 실제로 상대 소년에게 가서 확인해보면 그 소년을 보고 웃거나 노려본 일이 없을뿐더러 무슨 일인지 전혀 모르는 상황이었다.

이렇게 오해하는 이유는 보는 힘이 약하기 때문이다. 상대의 표정을 제대로 보지 못해서 상대가 노려본다고 생각하거나 바보 취급 한다는 느낌을 받고 자기 혼자 피해 의식에 사로잡히는 것이다.

듣는 힘이 약할 때도 비슷한 일이 일어난다. 듣는 힘이 약하면 누군가 중얼중얼 혼잣말하는 것을 듣고 '저 녀석이 내 악담을 하고 있다'라고 오해하기 때문이다.

인지 기능이란 기억, 지각, 주의력, 언어 이해, 판단 및 추론 같은 요소가 관계되는 모든 지적 과정을 가리킨다. 사람은 오감(시각, 청각, 촉각, 후각, 미각)을 통해 외부 환경으로부터 정보를 얻는다. 그렇게 얻은 정보를 정리하고 그것을 바탕으로 계획을 세우고 실행하여 다양한 결과를 만들어낸다. 이 과정에서 필요한 능력이 인지 기능이다(그림 3-1). 즉 인지 기능은 수동적이든 능동적이든 상관없이 모든 행동의 기반이자 교육과 지원을 받을 수 있는 토대가 된다.

하지만 만약 오감으로 얻은 정보가 대부분 왜곡되었거나, 왜곡되지는 않았더라도 받아들인 정보를 잘못 정리하거나 정보의 일부밖에 받아들이지 못하는 상태라면 어떻게 될까?

학교 교육 현장에서는 후각, 촉각, 미각을 사용하는 일은 적고 거의 대부분 시청각을 통해 정보가 전달된다. 이때 시각을 통한 '보는 힘'과 청각을 통한 '듣는 힘'이 그림 3-2처럼 일그러져 있다면 어떻게 될까? 또 시청각으로 정보가 올바르게 들어왔다고 해도 잘못 정리(인지)한다면 어떻게 될까? 아이에게 전하고 싶은 정보가 정확하게 전달되지 못해 지원이 제대로 이루어지지 못하고, 교육이 아무 소용 없는 일이 될 수도 있다. 또 아이가 아무리 열심히 계획을 세우고 최선을 다해도 최초의 정보가 일그러져 있기 때문에 전혀 엉뚱한 방향으로 흘러가는 결과를 맞이하기도 한다.

또한 보는 힘과 듣는 힘을 보완하는 '상상하는 힘'이 약

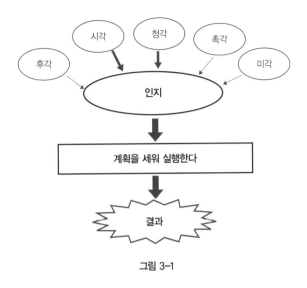

그림 3-1

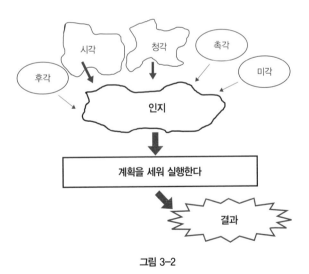

그림 3-2

하면 들어온 정보를 제대로 수정하지도 못한다. 이것이 인지 기능이 약해서 일어나는 부적절한 행동의 원인이다.

'문제아' 혹은 '의욕 없는 학생'이 되는 까닭

듣는 힘이 약한 아이는 어떤 상황에 놓여 있을까. 이런 아이들은 학교에서 선생님이 "수학 교과서 38페이지를 펼쳐서 5번 문제를 풀어보세요"라고 말해도 그 지시를 제대로 알아듣지 못한다. 어찌어찌 겨우 수학 교과서 38페이지를 펼쳤다고 해도 '5번 문제'까지는 알아듣지 못할 수도 있다.

따라서 무엇을 하면 되는지 몰라 주변을 두리번거리거나 멍하니 있기도 한다. 그러다가 수업에 집중하지 못하는 불성실한 학생으로 보일지도 모른다. 또 잘못한 것에 대해 어떤 주의를 주면 바로 "네, 알겠습니다" 하고 대답은 고분고분 잘하면서도 잠시 후 같은 행동을 되풀이하여 또 주의를 받는 아이도 있다. 이런 경우에 "대체 어떻게 된 거니?"라고 되물어보면 아마도 정확한 답을 하지 못할 것이다. 때로는 아주 다른 내용의 답을 하기도 한다.

실제로는 선생님이 하는 말을 듣지도 이해하지도 못했지만 선생님에게 또 야단맞는 것이 싫어서 아는 척해버리는 것이다. 그러다 보니 주변에서 쟤는 '산만하다' '의욕이 없다' '거짓말을 한다'고 오해하는 일도 있다.

보는 힘이 약해도 다양한 문제가 발생한다. 보는 힘이 약한 아이들은 문자나 문장을 띄엄띄엄 읽는 일이 잦거나, 한자를 외우지 못하거나, 선생님이 칠판에 쓴 글을 옮겨 적지 못하거나, 선생님이 차례차례 필기를 해나가면 어떤 내용이 추가되었는지를 모르거나 한다. 이로 인해 학습이 뒤떨어지게 된다. 뿐만 아니라 주변 상황이나 분위기를 잘 파악하지 못해 '다들 나를 피한다'거나 '나만 손해보고 있다'는 등의 피해 의식을 느낀다. 불공평하다는 의식이 점점 강해지기도 한다.

오래전 아동 보호 시설 선생님으로부터 이런 이야기를 들은 적이 있다. 친구들과 잘 지내지 못하는 아이가 있었다. 하루는 용기를 내어 놀고 있는 친구 무리에 들어가 "같이 놀자" 하고 말을 걸었는데, 순간 모두가 도망쳤다고 한다. 그것을 보고 아이는 '친구들이 나를 미워한다'고 느껴 난동을 부리기 시작했다.

나중에 시설 선생님이 아이들에게 사정을 들어보니, 때마침 술래잡기를 시작하고 있던 참이었단다. 제대로 보는 힘이 있는 아이라면 주변을 둘러보고 도망치는 모습이 어딘가 부자연스러운 것을 깨닫고 술래를 찾아내어 "아, 그렇구나. 술래잡기를 하는 모양이네" 하며 친구들이 흩어진 이유를 이해할 수 있을 것이다. 그러면 친구들이 내가 싫어 도망친 것이 아니라는 사실 또한 알 수 있다. 하지만 이 아이처럼 보는 힘이 약하면 자신을 싫어해서 도망쳤다고 생각해 더욱 피해 의식이 강해진다.

나는 비행 소년뿐 아니라 학교생활을 따라가지 못하는 아이들에게도 이와 비슷한 일이 자주 일어나고 있고, 그것이 이들의 부적절한 행동과 연관되어 있지 않을까 생각한다. 곤란한 행동을 하는 아이가 있다면 우선 보고 듣는 힘에 문제가 없는지 확인할 필요가 있다.

상상력이 약하면
노력하지 못한다

눈에 보이지 않는 것을 상상하는 힘도 매우 중요한데, 그

중 하나가 바로 '시간 개념'이다. 시간 개념이 약한 아이는 '어제, 오늘, 내일'이라는 사흘 정도의 시간에 걸쳐 일상생활을 한다. 경우에 따라서는 몇 분 후의 일조차 관리하지 못하는 아이도 있다. 이런 아이들은 다음과 같은 구체적 목표를 세우지 못한다.

- 지금 참으면 언젠가 좋은 일이 생긴다
- 한 달 후에 있을 시합이나 정기 시험을 위해 노력한다
- 장래에 ○○가 되고 싶으니까 노력하자

목표가 없으면 사람은 노력하지 않는다. 노력하지 않으면 어떻게 될까? 두 가지 문제가 생긴다. 먼저 성공 체험을 할 수 없고 성취감을 느낄 수 없다. 따라서 계속해서 자신감을 갖지 못하고 자기 평가가 낮은 상태에서 벗어나지 못한다. 다음으로 타인의 노력을 이해하지 못한다.

비행을 저지른 아이들 중에는 20만 엔(약 220만 원) 정도 하는 오토바이를 별생각 없이 훔치는 소년이 다수 있다. 원하는 오토바이를 사기 위해서는 아르바이트를 해서 돈을 모아야 하는데, 그 과정이 그리 쉽지만은 않다. 경우에 따라서는 몇 개월간의 생활비를 아끼며 열심히 돈을 모아야

만 겨우 살 수 있는 사람도 있다. 이런 타인의 노력을 이해하지 못하면 다른 사람이 오토바이를 구입하기까지 얼마만큼 노력했는지 상상하지 못하기 때문에 다른 사람의 물건을 훔칠 생각을 쉽게 한다. 몇 개월이나 일해서 얻은 '노력의 결정'이 어떤 것인지 상상하지 못하는 탓에 저지르는 행동이다.

상상력이 약하면 '지금 이런 일을 하면 나중에 어떻게 될까?' 하는 예상을 하지 못할뿐더러 이 순간만 좋으면 된다는 식으로 나중을 생각하지 못하고 주변 분위기에 따라 흘러가버린다. 그렇기에 인지 기능이 약하면 공부를 못할 뿐 아니라 여러 가지 부적절한 행동이나 범죄 행위로 이어질 가능성이 있다.

반성보다는
인지 기능을 끌어올리는 것부터

인지 기능이 약한 비행 소년은 교정 교육을 받아도 교육의 성과가 쌓이지 않는다. 다시 말해, 지도하는 사람이 '오늘은 여기까지 가르쳤으니 다음번에는 그다음부터 가르쳐야겠다'고 생각해봤자 아무런 소용이 없다. 아이들이 이전에 배운 내용을 완전히 잊어버리고는 아무것도 배우지 않은 상태로 돌아가기 때문이다.

피해자들이 쓴 수기 등을 읽게 하려면 우선 글자를 제대로 읽을 수 있도록 하는 단계부터 시작해야 한다. 만약 글자를 읽을 수 있더라도 문제는 남아 있다. "이 피해자가 무슨 말을 하는지 너무 어려워서 이해하지 못하겠어요"라고 고개를 갸웃거리거나, 알았다고 답은 해도 전혀 다른 방향으로 이해하는 경우가 상당히 많다. 절대 아이들이 장난치는 것이 아니다. 가르치는 쪽에서 전달하고자 하는 내용이 전달되지 않은 상태다. 그야말로 '반성 이전의 문제'인 것이다.

내가 근무하던 의료 소년원의 아이들은 제각각 매우 심각한 사건을 저지르고 들어온 아이들이었다. 처음부터 반성시키려고 해봐도 그다지 효과를 기대할 수가 없었다. 교정 교육은 아이들 각각의 발달 수준에 따라 '보는 힘'이나 '듣는 힘' 같은 가장 기본적인 인지 기능을 끌어올리는 것부터 시작해야 한다.

그런데 현재의 교정 교육에서 당사자의 이해력은 그다지 고려되지 않는다. 그저 교정국에서 지정한 어려운 교재를 묵묵히 시키는 경우가 많다. 아이들도 "모르겠다"고 대답하면 야단맞기 때문에 아는 척하는 상황이다.

이 같은 현상이 학교 교육 현장에서도 일어나고 있다. 나쁜 일을 저지른 아이가 있다면 반성시키기 이전에 그 아이에게 애초에 무엇이 나쁜 일인지 이해할 능력이 있는지, 앞으로 어떻게 하면 좋을지 생각할 능력이 있는지를 확인해야만 한다. 만약 그런 능력이 없다고 한다면 반성시키는 일보다 먼저 인지 기능을 향상시켜야 한다.

감정 제어 능력이 약하다

감정에 휩쓸리면
사고 기능이 떨어진다

인간의 감정은 대뇌의 신피질*의 하위 부위인 대뇌변연계*가 관장한다고 알려져 있다. 오감을 통해 들어온 정보가 인지 과정에 들어갈 때 '감정'이라는 필터를 통과하기 때문에 감정 제어가 제대로 되지 않으면 인지 과정에도 다양한 영향을 받는다. 어른도 순간적으로 화가 치밀어 감정적이

● 뇌의 맨 위를 덮고 부분으로 가장 늦게 발달하며 고차원적 사고를 담당한다.
● 대뇌 피질에 감싸인 안쪽 부분으로 감정 조절을 담당한다.

되면 냉정한 판단을 하기 힘들 때가 있다. 바로 인지 과정에 감정이 영향을 주기 때문이다. 따라서 감정 제어 능력이 약하면 부적절한 행동으로 이어진다.

기분을 말로 표현하는 것이 서투르고, 툭하면 짜증난다는 말을 하고, 화가 나면 바로 폭언이 나오거나 폭력을 행사하는 아이들이 있다. 이런 아이들은 무언가 불쾌한 일이 생겨 마음속이 갑갑하고 애가 탈 때 대체 자신의 마음속에 무슨 일이 일어나고 있는지, 어떤 감정이 생겼는지 이해하지 못한다. 그런 답답한 기분이 쌓여 스트레스로 바뀐다.

시간이 지나면 스트레스는 차츰 줄어들게 마련이지만, 불쾌한 일이 계속 이어진다면 점점 스트레스는 쌓여만 간다. 그러면 스트레스를 해소해야 하는데, 해소 방법이 잘못되면 갑자기 화를 내며 주먹을 휘두르거나 상해나 성폭력 같은 범죄 행위로 이어질 수밖에 없다.

과도한 스트레스로 인한 비행

소년원에 있는 아이들을 살펴보면서 특히 성범죄를 일으

킨 소년들 중에 스트레스가 과도하게 쌓인 아이가 많다는 인상을 받았다.

앞서도 말했지만 내가 근무하던 의료 소년원에는 성범죄를 저지른 소년이 상당히 높은 비율을 차지하고 있었다. 이들은 대부분 하나같이 초등학교나 중학교에서 집단 따돌림을 당한 아이들이었다. 나는 이런 아이들이 95퍼센트 정도 될 것으로 추정한다. 집단 따돌림을 받으며 상상하기 힘들 만큼의 엄청난 스트레스가 쌓이자 스트레스를 해소하기 위해 어린아이를 반복적으로 성추해온 케이스가 대부분이었다. 집단 따돌림의 피해자가 새로운 피해자를 양산해낸 것이다.

성범죄를 저지른 한 소년은 자신의 감정을 잘 표현하지 못했다. 그래서 나는 그에게 기분 일기를 써보라고 했다. 날짜 옆에 '좋았던 일―그때의 기분', '나빴던 일―그때의 기분'이라는 항목을 만들어 일기 형식으로 있었던 일과 기분을 적는 간단한 작업이었다.

일기를 쓰기 시작한 후 열흘 동안은 "아무 일도 없었다"라는 글만이 이어졌다. 역시나 표현을 못하는 걸까 싶어서 그만둘까 하는 생각이 들었다. 하지만 조금만 더 해보기로 했다. 그러자 열하루째 되는 날부터 '나빴던 일―그때의 기분' 항목에 아주 작은 글씨로 페이지를 빽빽이 채울 만큼 빼곡하게 내용을 적기 시작했다. 거기에는 다음과 같은 내용이 있었다.

"나도 다른 모든 아이들과 똑같이 청소를 했는데, 선생님이 내게만 왜 청소를 안 했느냐고 말해서 짜증이 났다."

"왜 선생님은 나한테만 주의를 주는지 모르겠다. 화가 난다."

"전화가 울리기에 선생님께 알려드렸는데 시끄럽다는 말을 들었다. 친절하게 알려준 건데 짜증이 났다."

일기에는 이런 불평불만이 매일 이어졌다. 하지만 아이는 결코 그것을 말로 꺼내지는 않았다. 괴로워하며 화를 쌓아두고만 있었다. 이런 경향은 학교에서 집단 따돌림을 당했을 무렵부터 생긴 것으로 여겨진다. 그렇게 쌓인 스트레스를 해소하기 위해 매일같이 어린 여자아이를 찾아내 공중화장실 같은 곳에 데리고 가 성추행을 반복했던 것이다.

아이들이 '화'를 내는 이유를
알아야 한다

감정 중에 가장 성가신 것은 역시 '화'다. 그렇다면 '화'가 나는 이유는 무엇일까?

비행을 저지른 아이들뿐 아니라 일반 학교에 다니는 아이들에게도 '바보 취급을 받았다'는 기분과 '내 마음처럼 되지 않는다'고 여겨지는 상황은 사람들과의 관계에서 불화의 원인이 된다. 이런 일을 겪게 되면 개인의 사고 패턴에 따라 화가 나는 정도가 다르다.

예를 들어, 같은 일을 하고 있는 A와 B에게 C가 와서 "그건 틀렸어"라고 지적했다고 하자. B는 지적을 받고 '친절하게 알려주니 고맙네'라고 생각했다. 그에 반해 A는 지적을 받고 '시끄럽게 구네. 바보 취급을 하다니'라고 생각했다. 똑같은 말일지라도 받아들이는 방식이 전혀 다른 것이다. 긍정적으로 받아들일지 부정적으로 받아들일지는 각자의 사고 패턴에 따라 달라진다. 어느 쪽이 '화'를 내는 것으로 이어질지는 쉽게 가늠이 갈 것이다.

그렇다면 A의 부정적 사고 패턴인 피해 의식은 어떻게 생기는 것일까? 부모의 학대나 집단 따돌림을 당하는 등 살아오는 동안 겪은 인간관계 형태에 기인하며, 이는 자신감 결여에도 영향을 미친다.

자신감이 없으면 자아가 약해서 상처받기 쉽다. 그렇기에 '또 나의 실패를 지적한다'며 공격적이 되거나 '어차피 나는 안 돼'라며 지나치게 자기를 비하하며 타인의 말을 호의적으로 받아들이지 않는다. 자신감을 가지지 못하는 원인에는 '인간관계가 원만하지 않다' '공부를 못한다' '가만히 앉아 있지를 못해 주의를 많이 받는다' '물건을 잘 잃어버려 자주 야단맞는다' '스포츠를 잘 못한다' '움직임이 둔하다' 등이 있다. 나아가 그렇게 되는 원인을 더 깊이 들여다보면 발달 장애, 지적 장애가 있거나 경계선 지능인 경우도 있다.

화가 나는 또 다른 원인은 '내 마음대로 되지 않는다'는 생각 때문이다. 상대에 대한 기대가 강하고 고정 관념이 심할 때 쉽게 이런 생각에 빠진다. 상대가 '이렇게 해줬으면 좋겠다'는 강한 기대 심리가 깔려 있거나 '나는 옳다' '나는 이래야만 한다'는 왜곡된 자기애와 고정 관념이 마음속에 강하게 깔려 있기 때문이다.

길을 가다가 다른 사람과 스치는데 어깨가 부딪혔다. 나는 사과했는데 상대가 아무런 말도 하지 않으면 불쾌하고 화가 난다. '부딪혔으면 반드시 사과해야 한다'라는 확고한 신념이 자리한 탓에 화가 나는 것이다. 그런데 타인이 내 마음처럼 반응해주는 일은 거의 없다. 그러니 내 생각에 반하는 상대를 보면 '화'가 난다. 그 '화'를 바탕으로 나오는 행동을 제대로 처리하지 못하면 갑자기 큰 소리로 성을 내거나 하는 것이다

냉정한 사고를
멈추게 하는 '화'

'화'는 냉정하게 사고하는 법을 막는다. 감정이 욱하고 치밀어 오르면 냉정한 판단을 하지 못한다.

다음의 예를 생각해보자. 점심시간, A가 급식을 받으려고 줄을 섰다. 그런데 B가 와서 줄을 선 것을 모르고 A 앞에 끼어들었다. 이미 급식을 받은 C가 이 상황을 보고 있었다. A는 B가 새치기를 한 것에 욱해서 큰 소리로 화를 냈다. B는 A가 줄 서 있는 것을 몰랐던 터라 일부러 새치기를 한 것은 아니었으나 A가 갑자기 화를 내는 바람에 놀라서 외려 같이 화를 낼 것 같은 기세였다. C는 'A가 저렇게까지 화를 내지 않아도 될 텐데. B는 바로 사과하면 될 것을'이라

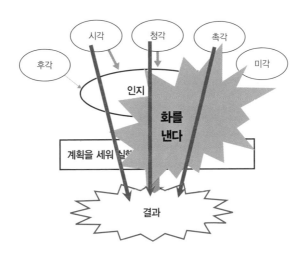

그림 3-3 화는 냉정한 사고를 방해한다

고 생각했다.

A는 자신은 제대로 줄을 섰는데 B가 새치기를 했기 때문에 순간 화가 났다. 멀리서 상황을 지켜보던 C가 생각하는 것처럼 B가 냉정하게 생각할 수 있다면 새치기당한 상대의 기분을 헤아려 어떻게 해야 할지 알았겠지만, 막상 그런 상황에 놓이게 되면 놀라고 화가 나서 적절한 행동을 취하지 못한다.

'화'라는 감정은 그림 3-3처럼 냉정한 사고를 멈추게 한다. 일어난 일에 대해 생각해보지 않고, 바로 반응해서 윽박을 지르는 등의 행동으로 이어지기 쉽다. 어른도 순간 화가 치밀어 오르면 판단을 잘못할 때가 있지 않은가. 아이라면 말할 것도 없다.

감정은 행동에
동기를 부여한다

감정 제어가 중요한 또 다른 이유는 감정이 많은 행동을 일으키는 동기가 되기 때문이다.

예를 들어, 지금 이 책을 읽고 있는 여러분은 이 책의 제목을 보고 혹은 차례를 좀 훑어보고 난 후에 읽어보고 싶다고 생각했기 때문일 것이다. 우리는 '저 가수의 콘서트에 가고 싶어' '오랜만에 친구를 좀 만나고 싶은데'라는 기분이 생길 때 비로소 행동으로 옮겨 콘서트에 가고 친구를 만나러 간다. '○○하고 싶어'라는 기분이 행동을 일으키는 것이다. 무조건 반사를 제외하면, 감정이 인간의 행동 대부분을 지배하고 있다고 해도 과언이 아니다.

문제가 생기는 경우는 '스트레스를 해소하기 위해 ○○하고 싶다'라는 부분에서 빈칸에 '도둑질' '희롱' 같은 부적절한 말이 들어갈 때다. 부적절한 감정이 부적절한 행동을 만들어낸다. 이런 상황에 대처하는 방법으로 다음 세 가지를 생각해볼 수 있다.

① 스트레스가 쌓이지 않도록 생활을 돌아보고 고친다
② ○○를 '스포츠'나 '쇼핑' 등으로 대체한다
③ ○○하고 싶은 기분을 접어둔다

①과 ②는 바로 그렇게 전환할 수 있는 것이 아니기 때문에 그렇게 되기까지 시간과 노력이 필요하지만, 잘 습득한다면 좋은 효과를 기대할 수 있다. ③은 그런 기분을 접어

두면 되는 것이니 당장 효과를 볼 수 있지만, 어떻게 부적절한 기분을 접어두는지에 따라 추후에 큰 문제가 생기기도 한다.

'○○하고 싶다'는 마음은 그 사람의 양육 환경, 생활 패턴, 사고방식, 인간관계의 유형, 논리의 관점 등과 관련되어 있다. 이런 배경에서 기인하는 마음을 바꾸기란 결코 쉽지 않다. 인지행동치료는 주로 이러한 부적절한 사고방식을 수정하는 것을 목표로 한다.

융통성이 없다

유연하지 못한 생각이
잘못된 행동을 낳는다

우리는 곤란한 일이 생겼을 때 몇 가지 해결 방안을 생각한다. A방법, B방법, C방법, D방법, E방법 등. 이렇게 몇 가지 선택지를 떠올려보고 그중에 어떤 방법이 좋을지 고민을 거듭해 선택하고 실행한다. 선택한 방법으로 문제를 해결하기 위해 움직여보고 잘되지 않으면 다른 방법을 골라다시 실행해본다. 이때 중요한 것은 해결 방안을 여러 가지로 세우는 것과 상황에 따라 적절한 방안을 고르는 '융통성'이다. 유연한 사고라고 바꿔 말할 수도 있다.

예를 들어, 돈이 필요한데 수중에 가진 게 없어 곤란한 처지에 놓았다고 생각해보자. 이 상황을 해결하기 위해서는 다음과 같은 해결 방안이 있다.

> A : 아르바이트를 한다
>
> B : 친척에게 빌린다
>
> C : 복권을 산다
>
> D : 훔친다

이 중에 D방법은 그걸 골랐을 때 이후에 어떤 상황에 처하게 될지를 고려한다면 당연히 제외할 것이다. 좀 더 좋은 해결책을 떠올릴지도 모른다.

그런데 두뇌가 유연하지 못하면, 다시 말해 융통성이 없어 D방법밖에 떠오르지 않는다면 어떻게 될까? 그런 사람은 돈이 없을 때마다 훔치는 일을 반복한다. 사고가 유연하지 못하면 부적절한 행동을 반복하게 된다.

실행기능장애 행동평가로 알아본
융통성 부족

나는 소년원 아이들을 면담하면서 일본판 '실행기능장애 행동평가(BADS, Behavioural Assessment of the Dysexecutive Syndrome)'라는 신경심리검사를 시행해보고 이들에게 융통성이 없다는 사실을 깨달았다.

BADS는 원래 고차뇌기능장해 등 뇌 손상을 입은 환자의 실행 기능을 평가하기 위한 방법으로 고안된 것이다. 일상생활에서 문제가 생겼을 때 이를 해결하기 위해서 계획을 세우고 효과적으로 실행하는 능력을 말하는데, 앞에서 예시로 든 돈이 필요한데 수중에 가진 게 없는 상황에서 어떻게 할지 방법을 떠올리고 실행하는 것과 같다.

일반적으로 고차뇌기능장해가 있으면 지능지수(IQ)가 높아도 계획을 세워 실행하지는 못한다. 일상생활을 할 때 여러 가지로 어려움을 겪지만 IQ에는 문제가 없기 때문에 주위 사람들로부터 장애가 있음을 이해받지 못한다. 책상에 앉아 BADS 검사를 받는 것만으로도 그 사람이 얼마만큼 어려움을 겪고 있는지 알 수 있다.

나는 BADS를 소년원에 있는 모든 아이들에게 시행했다.

그렇게 한 이유는 소년들 중에는 IQ는 높은데 도통 요령이 없는 아이도 있고, 반대로 IQ는 낮아도 요령도 있고 영리해 보이는 아이도 여럿 있었기 때문이다. IQ는 WISC*나 WAIS*로 측정하는데, 그런 IQ 검사로는 이들이 실제로 얼마만큼 현명하게 행동할 수 있는지 적절하게 평가할 수 없음을 깨달았다. 6장에서도 소개하겠지만, 현재의 지능 검사만으로는 이들의 지적 능력과 살아가는 데 필요한 생활 능력을 올바르게 평가할 수는 없다.

BADS 검사 중에 '행위계획검사'라는 것이 있다.

가늘고 긴 투명한 원통 안에 코르크가 들어 있다. 그 옆에는 한가운데 작은 구멍이 있는 뚜껑을 덮어놓은 물이 담긴 비커가 놓여 있다. 그 앞에는 끝이 휘어진 철사와 원통형의 투명한 통(대롱)과 뚜껑이 놓여 있다(그림 3-4). 원통 안의 코르크를 꺼내야 하는데, 철사와 투명한 대롱 및 뚜껑 세 가지만 사용하는 것이 규칙이다. 단 코르크가 들어 있는 통과 물이 든 비커를 만져서는 안 된다.

어떻게 해야 할까? 이 문제에 대한 해결책은 다음과 같

- Wechsler Intelligence Scale for Children. 미국의 심리학자 D. 웩슬러가 개발한 아동 지능 검사다.
- Wechsler Adult Intelligence Scale. 미국의 심리학자 D. 웩슬러가 개발한 성인 지능 검사다.

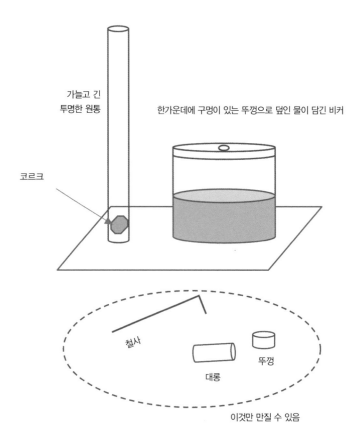

가늘고 긴
투명한 원통

한가운데에 구멍이 있는 뚜껑으로 덮인 물이 담긴 비커

코르크

철사

대롱

뚜껑

이것만 만질 수 있음

그림 3-4

다. 우선 원통형의 투명한 대롱과 뚜껑으로 컵을 만든다. 그 다음 끝이 휜 철사로 비커의 뚜껑을 열어 대롱과 뚜껑으로 만든 컵을 사용해 물을 뜬다. 마지막으로 그 물을 코르크가 들어 있는 통에 넣어 코르크가 물 위로 떠오르면 꺼내면 된다. 몇 단계 앞까지 생각해 계획을 세워야만 풀 수 있는 문제지만, 계획 능력에 문제가 없는 소년이라면 보통은 금방 풀어낸다.

그런데 융통성이 없는 비행 소년들은 보통 이렇게 행동한다. 문제를 듣고 난 다음 생각지도 않고 갑자기 철사를 들어 코르크가 들어 있는 긴 통에 넣어 코르크를 꺼내려고 한다. 하지만 철사가 짧기 때문에 코르크에까지 닿지 않는다. 불가능하다는 것을 알면서도 계속 그 방법만 시도하거나, 컵을 만들어야 하는 대롱이나 뚜껑으로 코르크가 들어 있는 긴 통을 탕탕 두드리다가 제한 시간을 다 써버린다.

옆에 있는 물이 담긴 비커에는 눈길도 주지 않는다. '왜 여기에 물이 있는 걸까?'라는 의문은 품지조차 않는다. 눈앞의 코르크만 보고 물을 사용하면 된다는 해법은 떠올리지 못한다. 나는 그들의 뇌가 무척이나 굳어 있다고 느꼈다. 이런 상태다 보니 못된 친구가 나쁜 짓을 하자고 유혹하면 주저하지도 않고 일을 저지르는 것이다.

사고가 유연하지 못해
학교에서 곤란을 겪는 아이들

학교에도 뇌가 굳어 융통성이 없는 아이가 있다. 이런 아이 역시 해결 방안을 한 가지, 많아야 두 가지밖에 생각해내지 못한다. 한 가지만 생각해내면 그 방법이 최적의 해결책인지 어떤지 알 수가 없다. 이런 아이들은 과거에 실패를 해봤음에도 몇 번이고 같은 실패를 반복한다.

이런 태도는 일상생활에서 다음과 같은 일을 낳기도 한다.

생각나는 대로 행동할 때가 많다	⇒	• 일단 생각하지 않고 바로 행동에 옮긴다 • 새롭게 깨닫는 일이 적다 • 본 것에 바로 뛰어든다 • 쉽게 속는다 • 과거 경험에서 배우지 못하고 같은 잘못을 반복한다
한 가지 일에 몰두하면 주변이 잘 보이지 않게 된다	⇒	• 어떤 일을 하기 전부터 반드시 어떠할 것이라는 생각을 정해두고 돌진한다 • 편견이 심하다 • 일부에만 주의를 기울이고 다양한 힌트가 있어도 그쪽으로 주의를 돌리지 못해 보지 못하고 놓치는 것이 많다

이렇게 융통성이 없고 뇌가 굳어 사고가 유연하지 못한 아이에게서는 흔히 다음과 같은 문제가 나타난다. '100-7은?' 과 같은 간단한 계산 문제를 내고 답을 하게 한 후에 이런 문제를 내본다.

"사과 다섯 개를 세 명이 골고루 나누어 가지려면 어떻게 해야 할까요?"

이 문제에 대한 답변으로는 크게 두 가지가 있다. 하나는 사과를 하나씩 전부 3등분하여 열다섯 조각으로 잘라 세 명이 다섯 조각씩 나눠 갖는 것이다. 틀린 답은 아니지만 힘들게 사과를 자르지 않는 방법도 있다. 우선 사과를 1인당 하나씩 가지고, 남은 두 개를 세 명이서 어떻게 나눌지 생각해볼 수도 있다. 그 편이 손도 덜 가고 트러블도 적을 것이다.

'정확히 3등분하지 않으면 안 된다'며 사과를 믹서에 넣고 갈아 주스로 만들어 나눠 마신다는 상당히 강박적인 대답을 하는 아이도 있다. 하지만 뇌가 굳어 융통성이 없는 아이의 답은 조금 다르다.

"선생님, 이거 계산 문제죠. 5 나누기 3이네요. 1.666……. 정확하게 나눌 수가 없어요. 딱 떨어지지 않아요."

결코 계산 문제를 낸 것이 아님에도 처음에 낸 계산 문제에 생각이 이끌려 '이건 계산 문제'라 여기고 유연성을 발휘해 사과를 나누는 것을 생각해내지 못한다.

이런 아이들은 어떤 문제에 대해서 바로 결론을 내버린다. 시간을 들여 "잠깐, 다른 방법은 없을까?" 하고 유연하게 생각하여 다른 시점으로 보는 것이 무척 서툴다. 인간관계에 있어서도 여러 가지 문제를 일으킨다.

융통성이 없으면
피해 의식에 사로잡힌다

나는 소년원에 있는 아이들이 이상할 정도로 유난히 피해 의식이 강하다는 느낌을 받았다. 소년원에서는 일과가 상세하게 정해져 있다. 일과 사이에 단체로 이동하다 보면 서로 스쳐 지나가는 일이 잦은데, 그 잠깐 사이에도 참 다양한 일이 벌어졌다. 눈이 마주치기만 해도 "저놈이 노려봤다" 하고, 어깨가 스친 것만으로도 "일부러 쳤다" 하고, 혀 차는 소리가 들리면 "나를 향해서 혀를 찼다" 하고, 주변에서 소곤거리는 소리가 들리면 "내 악담을 하고 있다" 하는 일들이 실제로 많았다.

상대 아이가 정말로 그랬을지도 모른다. 하지만 한편으로 '어쩌면 내 착각이 아닐까?' '기분 탓은 아닐까?' '일부러 그런 건 아니겠지'라는 생각도 할 법한데 전혀 그렇지 않았다. '반드시 그렇다'라는 생각에 빠져 사고를 유연하게 바꾸지 못하는 아이들이 무척 많다. 이렇게 사소한 일에 대한 편견이 계속 쌓이게 되면 점점 피해 의식이 강해지고, 어떤 계기가 생기면 서로 치고받는 싸움이 벌어진다. 이것 역시 융통성이 없고 유연하게 사고하지 못하는 데서 기인한다.

부적절한 자기 평가

자기 자신을 제대로 보지 못한다

아이가 잘못된 행동을 저질렀을 경우, 자신의 잘못을 바로잡고 싶다는 생각을 하기 위해서는 먼저 자신의 현재 모습을 아는 과정이 필요하다. 자신의 문제나 과제를 깨닫고 '좀 더 나아지고 싶다'는 마음이 변화를 위한 큰 동기가 된다.

그런데 문제나 과제를 안고 있는 아이가 '내게는 문제가 없다' '나는 좋은 사람이다'라는 생각에 빠져 자신의 모습을 적절하게 평가하지 못한다면 어떻게 될까? 자신에 대한 피드백이 제대로 될 리도 없고, '나를 바꾸고 싶다'는 동기 부여도 하지 못하기 때문에 잘못을 고치지 못한다. 뿐만 아니라 인간관계에 있어서도 여러 부적절한 행동으로 문제를 일으킨다.

소년원에서는 다음과 같은 아이를 쉽게 볼 수 있다.

• 자신의 결점은 보지 못하고 타인의 결점만 지적한다
• 아무리 흉악한 범죄를 저질렀어도 자신은 착한 사람이 라고 생각한다
• 자존심이 이상하게 높아 지나치게 자신감을 보이거나 그 와는 완전히 반대로 스스로에 대한 자신감이 전혀 없다

살인을 저지른 소년조차도 "나는 착한 사람이에요"라고 말하는 것에 놀라지 않을 수 없었다. 아울러 이러한 자신에 대한 왜곡된 평가를 수정해주지 않으면 갱생시킬 수 없겠다는 생각에 어떤 문제를 해결해야 하는지 절실히 느꼈다.

왜 자신에게
부적절한 평가를 내리는가

그렇다면 어째서 이들은 적절한 자기 평가를 하지 못하는 걸까? 자신을 제대로 평가하는 능력은 다른 사람과 적절한 관계를 맺는 것에서 키울 수 있기 때문이다.

> "나와 이야기할 때 A는 항상 화난 표정이다. A는 너를 미워하는 것 같다. 나의 어떤 점이 잘못된 걸까?"
> "어떤 모임 내 사람들은 모두 나를 항상 웃는 얼굴로 대해준다. 분명 모두 나를 좋아하는 것 같다. 의외로 나는 인기 있는 모양이다."

이렇게 상대가 보내는 다양한 신호에 자신의 모습을 비추어보고 자신이 어떤 사람인지 조금씩 깨달아간다.

심리학자 고든 갤럽(Gordon Gallup)은 집단 안에서 평범하게 자란 야생 침팬지와 집단에서 격리되어 사육된 침팬지의 자아인지발달을 비교해보았다. 그 결과, 격리되어 사육된 침팬지에게는 자아인지 능력을 나타내는 징후가 보이지 않는다는 사실이 밝혀졌다.

사람도 마찬가지다. 무인도에서 혼자 살다 보면 '진짜 내 모습'은 알 수가 없다. 즉 자신을 적절하게 알기 위해서는 사람들에 둘러싸여 생활하면서 다른 사람과 커뮤니케이션을 해야 한다. 그런 가운데 적절한 신호를 주고받으며, 상대의 반응을 보고 자신에게 피드백하는 작업을 수없이 해나가야 한다.

그런데 만약 상대방의 신호를 보지 못하거나, 일부 정보만 받아들이거나 정보를 엉뚱하게 받아들인다면 어떻게 될까? 상대가 웃고 있는데 화를 내고 있다고 받아들이거나 화를 내고 있는데 웃고 있다고 받아들인다면 자신에 대한 피드백이 왜곡된다. 적절한 자기 평가를 하기 위해서는 편견 없는 적절한 정보 수집 능력이 필요하다. 상대가 보내는 신호를 제대로 파악하는 데는 상대의 표정을 정확히 읽어내고 상대가 한 말을 정확히 알아듣는 등의 '인지 기능'이 관련되어 있다.

'나는 내 자신이 싫다, 좋은 구석도 없다, 잘하는 것도 없다'고 생각하고 말하는 등 자기 긍정감이 극단적으로 낮은 아이도 있다. 자기 긍정감이 낮으면 '어차피 나 같은 건……' 이란 생각에 피해 의식이 커지고, 나아가 분노할 수도 있다.

즉 어떤 일에 대해서든 자기 평가가 부적절하면 인간관

계에서 문제가 생기고 부적절한 행동으로 이어질 가능성이
있다.

인간관계가 잘 안 풀릴 때 겪는 문제들

일상에서 우리에게 많은 스트레스를 안겨주는 것 중에
하나가 바로 인간관계에서 생기는 문제들이다. 인간관계가
잘 풀리지 않으면 여러 가지 문제가 생기고, 그로 인한 스
트레스가 쌓여 직장생활과 일상생활에 지장을 받는다.
　아이들도 마찬가지다. 인간관계를 맺는 능력이 약한 아이
들이 특히 힘들어하는 일은 주로 다음의 두 가지다.

- **싫은 일을 거절하지 못한다** : 못된 친구가 나쁜 짓을 하
  자고 해도 거절하지 못한다 :
- **도움을 요청하지 못한다** : 집단 따돌림을 당해도 다른 사
  람에게 도움을 구하지 못한다

거절하지 못해 주변 사람들에게 쉽게 휩쓸려 나쁜 짓을 저

지르고, 도움을 요청하지 못해 마음에 깊은 상처가 남는다.

인간관계를 맺는 능력이 약해지는 요인은 다양하다. 자라온 환경이나 성격적인 부분, 자폐 범주성 장애 등의 발달 장애도 생각할 수 있지만, 인지 기능이 약한 것이 관계 문제로 이어지는 경우도 있다.

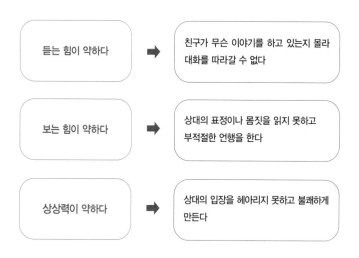

보는 힘과 듣는 힘, 상상력이라는 인지 기능이 약하기 때문에 상대의 표정이나 불쾌감을 읽어내지 못하고, 분위기 파악을 하지 못하고, 상대의 이야기를 알아듣지 못하고, 이야기의 배경을 이해하지 못해 대화를 따라가지 못할뿐더러

이어가지 못하고, 행동을 한 이후의 일을 예상하지 못하는 등 원활한 커뮤니케이션을 하지 못한다. 그렇기에 집단 따돌림을 당하고 친구를 사귀지 못해 나쁜 친구가 하자는 대로 행동하다가 비행을 저지르기도 한다.

미움받지 않기 위해 나쁜 짓을 저지른다?

인간관계가 서투른 아이들이 잘못된 행동을 하는 것을 자주 볼 수 있다. 이런 아이들과 면담할 때 자신이 무엇을 잘 못하는지 물어보면 '공부' 또는 '다른 사람과 이야기하기'라고 대답한다.

사회에서 이들은 친구와 커뮤니케이션이 원활하지 못한 탓에 친구들에게 미움받지 않기 위해 혹은 인정받기 위해 어떤 행동을 취하는 일이 있다. 예를 들어, 어떤 장난을 쳤는데 주변에서 친구들이 재미있어 하면 '장난치는 행위'가 강화되어 점차 나쁜 일(가게 물건이나 다른 사람의 물건을 훔치는 등의)로 이어지고, 그런 행동으로 자신의 가치를 찾으려고 든다. 못된 친구의 나쁜 짓을 하자는 꼬드김도 미움받지 않기 위해 거절하지 못한다. 자세히 들어보면 비행을 저지르는 것이 그들 나름의 살아남기 위한 수단일 때도 있다. 기가 약하고 휩쓸리기 쉬워 어떤 일이든 주변 친구들이 말하는 대로 들어주는, 어떤 의미에서 '착한 아이'일수록 비행에 가담하는 경향도 있다.

좀 더 현실적인 문제도 있다. 현대 사회에서는 3차 산업인 서비스업이 모든 산업의 약 70퍼센트를 차지한다고 한다. 농업 등 자연에서 일하며 생계를 꾸리는 1차 산업이나 생산을 담당하는 장인의 일 같은 2차 산업이 예전에 비해 급격히 축소되는 바람에 인간관계가 서투르다 해서 인간관계가 크게 작용하는 직업을 피해갈 수 없게 되었다. 즉 인간관계를 잘 맺는 능력이 부족하면 직업을 고르는 데도 불리하다. 인간관계가 서툴러서 구직 활동 중 면접에서 수없이 떨어지는 학생이 부지기수다.

반면에 인간관계를 잘 맺을 수 있도록 훈련할 기회는 예전보다 점점 줄어들고 있다. 사회 관계망 서비스(Social Networking Service)의 보급으로 직접 대화나 통화를 하지 않고도 손가락만 움직여 쉽게 상대방과 연락할 수가 있다. 스마트폰이 아직 보급되지 않았던 시절, 통화를 시도할 때는 당사자 외의 가족이 전화를 받는 일도 많고 해서 나름대로 전화를 거는 시간대나 말투 등 최소한의 예의를 지켜야만 했다. 하지만 지금은 그럴 필요가 없어졌다.

관계 능력이 약하면
이성관도 왜곡된다

가장 어려운 인간관계 중 하나가 바로 이성과의 교제다.

한 남자가 어떤 여자와 사귀고 싶은 마음이 들었다면, '데이트하고 싶다'는 의사를 전달하기 위해서는 고도의 기술이 필요하다. 언제 어디서 어떻게 의사 전달을 할 것인지 타이밍을 잘 재야 한다. 데이트 신청을 했다고 하더라도 여자와의 심리적 거리를 좁히기 위해서는 더 세심한 교제 기술이 필요하다. 상대에게 '사귀고 싶다'는 말을 할 때도 그 시기가 지나치게 빨랐거나 상황이 맞지 않을 수도 있다. 따라서 사전에 충분히 대비해둬야 하는데, 그러려면 적절하게 대처할 수 있는 준비가 필요하다. 이런 과정에서 상대의 기분을 잘못 파악하거나 이쪽의 고정 관념을 일방적으로 밀어붙이면 스토커나 성범죄 행위로 이어질 수 있다.

성범죄를 저지른 사람들 중에 '상대가 동의했다'고 착각

하고 일방적으로 행동하여 결과적으로 강제 추행이나 강간
이 된 케이스도 많으리라 생각한다. 발달 장애나 지적 장애
를 가진 성범죄 소년들이 특히 이런 고정관념이 강하다. "상
대 여자애가 나를 유혹했다, 나는 속았다"라는 주장을 굽
히지 않는 아이도 있다. 발달 장애는 상대방의 기분을 헤아
리는 것이 서투르고 집요한 성격을 보이는 특징이 있는데,
이런 특징 때문에 섬세한 커뮤니케이션이 필요한 남녀 관계
에 있어서 성과 관련된 문제 행동을 일으킬 위험이 높다.

　나는 지금까지 소년원에서 성범죄를 일으킨 소년의 재범
방지를 위해 그룹 워크를 실시해왔다. 그룹 워크를 진행하
면서 성추행을 저지른 소년에게 왜 그랬는지 이유를 물어
보면 처음에는 대체로 "성욕 때문이다. 어떻게든 여자 아이
의 몸을 보고 싶었다"라고 대답하지만, 계속 진행하다 보면
차츰 "여러 가지로 스트레스가 쌓여서 그걸 해소하기 위해
성추행을 했다"라는 식으로 말이 바뀐다.

　가장 큰 스트레스로 꼽는 원인은 대체로 공통적이다. 다
름 아닌 '집단 따돌림을 당한 것'이다. 즉 집단 따돌림을 당
하며 쌓인 스트레스를 해소하기 위해 어린 여자아이를 타
깃으로 성범죄를 저지르는 케이스가 많았다. 집단 따돌림
은 따돌림을 당한 당사자를 넘어 새로운 피해자를 만들어

낸다. 발달 장애나 지적 장애 때문에 인간관계를 맺는 능력이 약해 집단 따돌림을 당하고 나아가 성범죄를 저지르는 소년들. 그야말로 피해자가 가해자가 되는 순간이다.

신체 운동 기능이 약하다
의도치 않은 행동이 일으키는 오해

비행을 저지른 소년들 중에는 신체를 사용하는 방식이 극단적으로 기묘하고 서투른 아이들이 종종 보인다.

소년원의 체육 시간에는 다음과 같은 일이 자주 일어났다. 야구를 하는 중에 포수를 맡은 소년이 공을 1루로 던졌는데, 소년의 오른쪽 가까이에 있는 교관을 향해 공이 날아갔다. 축구를 하는 중에 골대를 향해 공을 찼는데, 상대방 다리를 차는 바람에 경기 도중에 몇 명이나 다리를 다쳤다.

이뿐만 아니다. 소년원 안에서 생활하는 와중에도 "세면대 수도꼭지를 과하게 돌려 수도꼭지가 빠졌다" "화장실에서 변기 바깥쪽으로 소변을 봐서 화장실을 계속 지저분하게 만든다" 등 일부러 그랬다라고 생각할 만한 행동을 하는 아이도 있다.

사회에서라면 "그릇을 닦는 아르바이트를 했는데 몇 번이나 그릇을 깨서 해고당했다" "손님에게 요리를 낼 때 큰 소리가 나게 그릇을 내려놓았다가 손님과 언성을 높였다" "건설 현장에서 윗사람에게 위험하다고 혼나기만 하는 것이 싫어서 그만뒀다"와 같은 업무와 관련된 것이나, "싸움이 일어나 상대의 머리를 가볍게 밟았을 뿐인데 두개골이 함몰되었다" "장난을 좀 쳤을 뿐인데 상대방을 크게 다치게 해서 상해죄로 체포되었다"와 같은 범죄 사건에 관한 것들도 있다. 소년원에서 나와 사회에서 성실하게 일해보려고 해도 신체 운동 기능이 떨어지는 탓에 직장에서 해고되어 여러 곳을 전전하거나, 본인은 그럴 생각이 아니었는데 상해죄가 되는 케이스도 찾아볼 수 있다.

여기에 더해 이들은 대체로 인지 기능도 약하다. 인지 기능이 약하다 보니 서비스업보다는 건설 현장에서 토목 작업과 같은 육체노동을 하는 경향이 있다. 하지만 신체 운동 기능이 떨어지다 보면 그런 육체노동에서도 문제를 일으켜 일을 계속하지 못해 점점 생활이 힘들어진다. 안정적인 직업 활동은 비행 재발 방지에 꼭 필요한 요소다. 하지만 신체 운동 기능이 떨어지는 것이 노동을 할 때 큰 방해가 되어 비행 재발의 위험을 높이고 있다.

운동조절장애가
신체적 능력을 떨어뜨린다

신체적 능력이 떨어지는 것과 관련해 '발달성 협응장애 (Developmental Coordination Disorder)'라는 질환이 있다. '발달성 운동조절장애'라고도 한다. 협응 능력이란 제각각 다른 동작이 서로 호응하여 조화롭게 움직이는 능력을 말한다. 그릇을 닦는 것을 예로 들어보자. 한쪽 손으로는 그릇이 떨어지지 않도록 단단히 잡고, 다른 한 손으로는 수세미를 쥐고 그릇을 문지른다. 두 손이 각기 다른 동작을 동시에 진행하는 고도의 협력이 필요하다. 이것이 바로 협응 능력이다. 신체 운동 기능이 떨어지면 협응 능력에 장애가 생기기 때문에 거칠고 큰 협응 운동(신체를 크게 움직이는 것 같은)이나 미세한 협응 운동(손가락 끝의 동작 같은)이 어려워진다. 만 5~11세 어린이 중 약 6퍼센트가 이러한 장애를 가지고 있다고 한다.

신체 운동 기능이 떨어지면 일상생활 속에서 협응 능력이 필요한 다양한 신체 활동을 실행 및 제어하는 것에 어려움을 겪는다. 흔히 손끝이 야무지다고 표현하는 섬세한 동작에는 다음과 같은 것들이 있다. 신발 끈을 묶는다, 단추를 잠근다와 같은 신체적으로 자립하는 데 중요한 동작과 글씨를 쓴다, 가위를 사용한다, 종이를 접는다, 악기를 연주한다와 같은 창작 활동에 필요한 동작이다. 신체 운동 기능이 떨어지면 운동뿐 아니라 자립적인 일상생활이나 창작 활동에 지장이 생길 수도 있다. 예전에는 신체적으로 서툰 행동은 성장하면서 자연스레 좋아진다고 여겼지만, 청년기에 들어서도 그런 문제가 계속되고 있는 사례가 적지 않게 보고되고 있다.

신체 운동 기능이 떨어지는 건 다른 사람 눈에도 쉽게 보인다. 학교에서 수학 시험을 봤는데 아무리 낮은 점수를 받았다 하더라도 알려지지 않도록 숨길 수 있으면 아무도 모른다. 하지만 신체 움직임은 다르다. 체육 시간이나 운동회 같은 행사에서 모두의 눈에 서투른 것이 보인다. 다 같이 타이밍을 맞춰야 하는 단체 무용의 경우는 걸림돌이 되기도 해서 모두에게 따가운 눈총을 받기도 한다. 따라서 자신감을 잃어버리기도 하고, 따돌림의 대상이 될 가능성도 있다. 특히 발달 장애나 지적 장애를 가진 아이들이 신체 운동 기능이 떨어지는 비율이 높게 나타났는데, 이런 경향은 의료 소년원에 있는 아이들도 마찬가지였다.

신체 운동 기능이 떨어지는 것이
왜 문제인가

신체 운동 기능이 떨어지는 아이들은 대개 다음과 같은
특징을 보인다.

- 힘 조절을 잘 못한다
- 물건을 자주 망가트린다
- 좌우를 구분하지 못한다
- 자세가 나쁘다
- 가만히 앉아 있지를 못한다

힘 조절을 잘 못하고 물건을 자주 망가트린다는 것은 자
신의 몸에 대해 잘 알지 못한다는 뜻이다. 자동차 운전에
빗대어 말하자면, 액셀을 밟는 정도에 따라 얼마만큼 속력
이 나는지, 핸들을 돌리는 정도에 따라 얼마만큼 회전하는
지 등을 정확하게 파악하지 못하는 것과 비슷하다.

좌우를 구분하지 못하면 동작을 따라 하거나 흉내 내는
것이 서투르다. "오른손을 들어보세요"라는 선생님 말에 바
로 오른손을 들 수 있다면 '좌우를 구분한다'고 생각하기

쉽다. 하지만 그것과는 조금 다르다. 선생님이 그저 오른손만 들고 "똑같이 흉내 내보세요"라고 말했을 때 바로 오른손을 들 수 없다면 좌우를 구분하지 못하는 것이라고 볼 수 있다. 상대의 동작을 나의 동작으로 쉽게 바꾸지 못하면 좌우를 구분한다고 보기 힘들다.

자세가 나쁜 경우에는 근육 조절 기능에 문제가 있을 가능성이 있다. 근육의 수축 상태가 오래 지속되는 힘, 즉 근육 긴장이 약하면 관절의 움직임이 단단해지지 못하고 똑바로 서도 배가 나오는 등 나쁜 자세가 된다. 반대로 근육 긴장이 강하면 유연성이 부족해 로봇처럼 어색하게 움직이게 된다. 자세가 나쁘면 가만히 앉아 있지를 못한다. 가만히 앉아 있지를 못하면 손끝으로 하는 세밀한 작업을 하지 못해 손끝으로 하는 일에 익숙해지지 못한다.

이렇게 신체적으로 움직임이 서투르면 자리에 앉아서 해야 하는 학습에 영향을 준다. 힘 조절이 안 되면 인간관계에도 영향을 미친다. 따라서 학습적인 측면과 사회적인 측면은 물론이고 신체적인 측면에도 지원이 이루어져야 함을 알 수 있다.

4장

아이들이 보내는 신호, 무심한 반응

아이들이 보내는
다양한 신호들

교육 현장에서 교사들이 골치 아프게 생각하는 아이들의 행동은 다양하다. 나는 현재 유치원, 초등학교, 중학교에서 학교 컨설테이션(consultation)과 교육 상담 및 발달 상담 등을 하고 있는데 상담 사례로 올라오는 아이들의 상태를 보면 보통의 방법으로는 다루기 힘든 케이스가 많다. 발달과 학습 지체, 발달 장애, 자해 행위, 폭력 행위, 따돌림, 등교 거부, 비행, 부모의 부적절한 양육 등의 문제가 마구 얽혀 있어 복잡한 양상을 보인다.

다음은 상담 사례로 자주 올라오는 아이들의 행동 및 상태다.

- 감정 제어가 잘 안 되어서 쉽게 화를 낸다
- 다른 사람과 커뮤니케이션이 원활하지 못하다
- 단체 행동을 하지 못한다
- 물건을 잘 잃어버린다
- 집중을 못한다
- 공부에 대한 의욕이 없다
- 하고 싶지 않은 일을 하지 않는다
- 거짓말을 한다
- 다른 사람 탓을 한다
- 가만히 앉아 있지를 못한다
- 자신감이 없다
- 선생님이 주의를 줘도 듣지 않는다
- 그 자리에서 적절한 대응을 하지 못한다
- 싫은 것에서 도망친다
- 한자를 좀처럼 외우지 못한다
- 계산이 서투르다

이를 보고 나는 한 가지 공통점을 발견했다.

소년원 같은 교정 시설에 들어온 아이들은 소년 감별소와 가정 재판소에서 상세하게 조사를 받는다. 상당히 두꺼운 조서가 작성되고, 소년원으로 송치될 때 조서가 함께 보내진다. 조서에는 사건의 자세한 내용, 가정환경, 지금까지 살아온 생활환경, 초등학교 및 중학교 등에서의 생활 모습, 신체에 관한 의학적 소견, 의사의 소견서, 심리 검사 결과, 감별소에서 쓴 작문 등이 포함되어 있다. 의료 소년원에 근무하던 시절에는 나도 새롭게 들어온 소년의 조서 내용을 꼼꼼히 읽으며 정리했다. 조서에 나와 있는 이들의 초등학교 시절 생활 모습이나 특징을 살펴보면, 앞에서 나열한 항목 중 여러 개가 포함되어 있는 것을 볼 수 있다. 즉 보통의 학교에서 문제가 되는 아이들뿐 아니라 소년원에 있는 아이들도 초등학교 시절 거의 비슷한 양상을 보였다.

이전까지 나는 소년원에 들어오는 아이들은 특히 생활환경에 문제가 많을 것으로 생각했다. 분명 학대를 받은 이력이나 가정 내 폭력, 부모의 형무소 입소, 부모의 이혼 등도 있긴 했다. 하지만 모두에게 공통되는 사항은 아니었다. 오히려 앞서 소개한 항목에서 공통되는 부분이 더 많았다. 그렇게 의료 소년원에서 일하면서 소년원에 있는 아이들이 특별히 나빠서 그런 게 아니라는 사실을 새로이 깨달았다. 아이들은 초등학생, 중학생 때부터 계속 이러한 신호를 보냈지만 어른들이 알아봐주지 못했던 것이다.

신호를 보내는 시기는
초등학교 2학년 무렵부터

비행 소년들의 조서에 나와 있는 아이들의 성장 이력을 살펴보면, 앞에서 언급한 특징은 대부분 초등학교 2학년 무렵부터 조금씩 나타나기 시작한다. 그 외에도 공부를 따라가지 못한다, 지각을 자주 한다, 숙제를 해오지 않는다, 친구들에게 손을 댄다, 가게의 물건을 훔친다와 같은 내용도 있었다. 이런 행동을 하는 배경에는 발달 장애나 지적 장애와 같은 아이의 고유 문제도 있었고, 부적절한 양육이나 학대 같은 가정환경의 문제도 있었다.

반대로 배경 상황에 대한 이해 없이 친구들로부터 바보 취급 혹은 따돌림을 당하거나, 부모나 교사에게 '손이 많이 가는 다루기 힘든 아이'로 여겨지거나, 단순히 문제아로 취급되는 바람에 문제가 심각해진 케이스도 있었다. 이런 아이들은 학교를 다니는 동안에는 그나마 어른들의 시선에 놓여 있다. 하지만 학교를 졸업하고 나면 지원받을 수 있는 틀에서 이탈해버린다. 본인이 곤란한 경우가 아니면 직접 지원을 요청하는 일이 거의 없다. 그렇게 일을 계속적으로 하지도 못하고 인간관계도 원만히 맺지 못해 집 안에 틀어박히는 등 사회로부터 잊힌다.

소년원에서 열여섯 살의 한 소년과 면담했을 때의 일이다. 그는 중학교를 졸업한 후 일을 시작했는데, 유아를 상대로 강제 추행을 저지르고 체포되어 소년원에 들어왔다. 그에게 소년원을 나간 후 고등학교에 갈 것인지 물어보았다. 그러자 그는 이렇게 대답했다.

"공부를 하면 짜증이 나요. 부모님이 고등학교에 가라고 해서 학원에 다녔는데, 수업을 진히 따라갈 수가 없었어요. 스트레스가 쌓여서 생활도 엉망이 됐어요. 초등학생 때부터 공부가 힘들었어요. 그래서 짜증이 나서 나쁜 짓을 했어요. 만약에 특별한 지원을 받았더라면 스트레스가 쌓이지 않았을 거라고 생각해요. 요육수첩(療育手帳)●을 받을 수 있다면 그러고 싶어요."

그는 이쪽에서 먼저 요육수첩이나 특별 지원 교육에 대해 알려주지 않았는데도 스스로 그 필요성을 느끼고 계속 호소해왔다. 하지만 주변 어른들은 이해해주지 않았다. 만약 초등학교에서 특별 지원 교육을 받았더라면 그는 소년원에 오지 않았을 것이고, 피해자도 생기지 않았을지 모른다.

● 지적 장애인에게 발급하는 일본의 장애인 증명서로 상담 및 치료 교육을 받을 수 있다. 한국에서는 복지카드를 발급한다.

보호자조차도
알아채지 못한다

아이가 맞닥뜨린 문제를 보호자에게 이해시키기란 참으로 어렵다는 것을 보호자를 상대하는 전문가나 학교 교사라면 잘 알고 있을 것이다.

학교 교사를 대상으로 하는 강연을 할 때면 강연이 끝나고 질의응답 시간에 "아이의 문제를 이해하려고 하지 않는 부모에게는 어떻게 대응하면 좋습니까?"라는 질문이 매번 나온다. 문제를 겪는 아이를 도와주고 싶은 사람들에게 있어서는 공통된 고민이지만 이렇다 할 해결책이 없는 상황이다. 그만큼 아이의 과제를 보호자에게 이해시키기가 어렵다.

살인을 저지른 어떤 소년의 보호자와 면담을 한 적이 있다. 그 소년은 자신을 따돌리던 아이를 죽였는데, 보호자는 아들의 잘못을 인정하지 않았다. 피해자 유족에게 사죄하기는커녕 뉘우치는 말조차 하지 않았다. 오히려 피해자 유족에게 화를 내며 "우리 아들을 따돌린 게 나쁜 짓이다. 옛날부터 당한 만큼 돌려주라고 가르쳤다"라고 큰소리를 쳤다. 자식이 살인을 저질렀는데도 문제를 파악하고 수용하려고 하지 않는 보호자가 있을 정도니, 아이가 보이는 작은 문제만으로는 위기감을 느끼지 않는 보호자가 있다고 해도 이상하지 않은 상황이다.

사회에서도
알지 못한다

장애가 있는 비행 소년들은 소년원에서 나간 이후 사회에서 성실하게 일하고 싶다는 마음이 있다. 그러면 대개 단순하게 일자리를 찾아 소개시켜주면 된다고 생각하여 비행 청소년에 대한 이해도가 있는 회사를 찾아 일자리를 알선해준다. 하지만 아이들은 대체로 한 달, 길어야 3개월 정도 일하고 그만둔다. 하고자 하는 의욕은 있지만 취업이 된 이후 지속되지 못하는 것이다.

지금까지 계속 이야기해왔지만, 인지 기능이 약하고 인간관계 맺는 능력이 부족하며 신체 운동 기능이 떨어지는 비행 소년은 지시받은 일을 잘하지 못하거나 일을 잘 익히지 못한다. 직장 내에서 인간관계가 원만하지 못하거나 기한에 맞춰 일을 하지 못하는 등의 문제도 일으킨다. 그러면 비행 청소년에 대해서는 이해하지만 발달 장애나 지적 장애에 대해서는 충분한 지식이 없는 고용주로부터 질책을 받는다. 그게 싫어서 그만두는 것이다.

일을 하지 않으면 돈을 벌 수 없다. 그래도 놀고 싶은 마음은 든다. 그렇기에 간단하게 돈을 손에 넣을 수 있는 행위, 즉 강도 등의 범행을 저지르기도 한다. 나는 이것을 '4차 장애'라고 생각한다. 다시 말해 이런 순서다.

> 1차 장애 : 장애 자체에 따른 것

> 2차 장애 : 주변에서 장애에 대한 이해를 받지 못하고 학교 등에서도 적절한 지원을 받을 수 없는 상황에 따른 것

> 3차 장애 : 비행을 저지르고 교정 시설에 들어왔는데 역시나 이해받지 못하고 엄격한 지도를 받아 한층 더 악화되는 것

> 4차 장애 : 사회에 나와서도 이해받지 못하고 편견 때문에 일을 계속하지 못해 다시 비행을 저지르게 되는 것

반에서
'하위 5명'의 아이들

그렇다면 특별 지원이 필요한데도 주변에서 제대로 알아보지 못해 사각지대에 놓여 있는 아이들이 얼마나 될까?

현재의 기준으로는 IQ가 70 미만이고 일상적인 사회적 기능과 실행 기술에 심각한 지장이 있으면 지적 장애 진단을 받는다. 이런 지적 장애에 대한 정의는 관련 연구가 활발한 미국의 기준을 주로 따른다. 미국정신의학회에서는 2013년에 개정한 〈정신 장애 진단 및 통계 편람 5판(DSM-5)〉에서 IQ를 지적 장애 진단을 내리는 기준에서 제외시켰다. 하지만 실제 의료 현장이나 복지 영역에서는 이전과 다름없이 IQ를 기준 삼고 있다.

현재 일반적으로 적용되고 있는 'IQ가 70 미만일 때 지적 장애'라는 기준은 1970년대에 정해진 것이다. 1950년대에 일시적으로 'IQ 85 미만을 지적 장애로 한다'고 정의한 적이 있다. 현재 IQ 70~84는 '경계선 지능'으로 불린다. IQ 85 미만을 지적 장애 기준으로 삼으면 전체 인구의 16퍼센트 정도가 지적 장애로 판정된다. 이렇게 지적 장애에 속하는 인구가 지나치게 많은 것은 실제 생활 반경에서 볼 때

괴리가 있다는 점 등 여러 가지 이유로 기준이 'IQ 85 미만'에서 'IQ 70 미만'으로 조정되었다.

하지만 여기에서 알아주었으면 하는 점이 있다. 시대에 따라 지적 장애의 정의가 바뀐다고 해서 현실이 변하지는 않는다는 사실이다. IQ 70~84에 해당하는 아이들, 즉 현재 기준에 따라 경계선 지능에 해당하는 아이들은 전과 다름없이 존재하고 있다.

이들은 지적 장애인과 마찬가지로 생활에 어려움을 느끼고 있고 지원이 필요한 상황이다. 그렇다면 이런 아이들이 얼마나 있을까? IQ 분포도로 산정해보면 전체 학생 인구의 약 14퍼센트 정도일 것으로 보인다. 다시 말해, 현재 평균적으로 한 학급당 35명이라면 이 중 약 5명 정도가 해당된다는 뜻이다. 오래전 기준에 따른다면 한 학급당 하위 5명 정도는 지적 장애에 해당되었을지도 모른다. 물론 그렇게 단순하게 단정 지을 수는 없다. 하지만 현재 한 학급당 하위 5명 정도의 아이들이 주위에서 알아채지 못하는 상태에 놓인 채로 다양한 구조신호(SOS)를 보내고 있을 가능성이 있다.

이상이 있는 것은
아니지만

학교에 다니는 아이들 중에 ADHD, 자폐 범주성 장애, 학습 장애와 같은 진단을 받은 아이들도 있다. 그나마 진단을 받은 아이는 주변의 이해라도 얻을 수 있다. 하지만 반에서 하위 5명에 해당하는 아이들 중에는 곤란을 겪고 있는데도 진단을 받지 못하는 아이도 있다. 병원에 가서 다양한 검사를 받아도 IQ가 70 이상이면 "지적으로는 문제가 없습니다. 상태를 살펴봅시다"라는 말을 들으니 필요한 지원을 받을 기회를 놓치는 것이다.

애초에 지적 장애 자체는 병원의 치료 대상이 아니기 때문에 경도 지적 장애라고 해도 알아채는 경우는 드물고, 진단을 받는 경우도 드물다. 2018년 일본 내각부의 〈장애인 백서〉에 따르면, 전국의 지적 장애인은 약 108만 명인 것으로 나타났다. 그보다 5년 전인 2013년에는 54만 7000명이었다. 5년 동안 두 배가량 증가한 것이다.

대개 지적 장애인이 급격히 늘어나는 일은 거의 없다. 이렇게 수치가 증가한 것은 지적 장애에 대한 인지도가 높아져 요육수첩을 발급받은 사람이 늘어난 결과다. 반대로 '지원이 필요한데도 알아채지 못한 지적 장애인이 아직 상당수 있다'는 의미도 된다. 경계선 지능에 있는 사람은 더욱 알아보기 어렵기 때문에 병원에서 진찰을 받더라도 적절한 진단을 받고 지원을 받게 되는 일이 거의 없다. 병원 의사나 관계자도 구체적인 지원 방법을 잘 모른다. 이런 아이들이 곤란을 겪고 있는 상황은 예전부터 지금까지 여전히 존재한다.

학교에서는
왜 모르는가

나는 현재 학교 컨설테이션과 교육 상담 등을 하고 있다고 말했다.

학교 컨설테이션에 대해 자세히 말하자면, 학교에서 문제를 겪고 있는 아이들의 사례를 듣고 어떻게 이해하고 대응하면 좋을지 교원들과 함께 토론하며 방법을 찾는 일이다. 교육 상담의 경우에는 공부를 잘하지 못하거나 친구 관계가 원만하지 못한 아이와 그 보호자가 함께 찾아와 상담을 한다. 이 과정에서 다양한 사례를 접할 수 있었다.

이런 사례들 중에는 적은 수이긴 하지만 비행 소년이 초
등학교 시절 보였던 양상과 비슷한 행태를 보이는 아이들
이 있었다. 쉽게 욱해서 손을 올린다, 기분을 잘 표현하지
못한다, 물건을 잘 잃어버린다, 수업에 집중하지 못한다, 거
짓말을 한다, 자존감이 낮다, 주위를 살펴서 행동하지 못한
다 등 공통되는 부분이 많았다. 정기적으로 컨설테이션을
진행하고 있는 학교라면 이런 사례가 있을 때 어떻게 하면
좋을지 교원과 외부 전문가가 함께 검토가 가능하겠지만,
그렇지 않은 학교라면 이런 양상을 보이는 아이가 있어도
알아채지 못할 공산이 있다.

아무도 신경 쓰지 않아서
비행을 저지른다

이런 징후를 초등학생일 때 놓치고 지나쳐 그대로 중학생
이 되면 대응은 더욱 어려워진다. 초등학교에서는 스트레스
가 쌓여도 어떻게든 선생님의 지지를 받으며 졸업할 수 있
지만, 중학교에 들어가면 상황은 전혀 달라진다.
환경의 차이가 크기 때문이다. 중학생이 되면 사춘기에

접어들고 그것만으로도 불안정하다. 여기에 정기 시험, 선후배 관계, 동아리 활동, 이성과의 관계 등이 더해지는 등 이전까지와는 크게 다른 환경에 아이는 많은 스트레스를 받는다. 부모와의 관계 양상도 달라져 부모에게 의존하면서도 반발하기를 반복한다. 이때 보통의 아이들은 부모가 아이를 제대로 받아들여준다면 차츰 안정을 찾는다.

하지만 지원이 필요한 아이들은 이런 변화에 스스로 대응해가기가 무척 힘들다. 따라서 상당한 스트레스를 받게 된다. 가장 흔한 현상으로 우선 등교를 하지 않는 것이다. 학교에 가더라도 교사에게 폭력을 행사하거나, 물건을 망가트리거나, 불량 그룹에 들어가거나, 밤에 길거리를 배회하거나, 담배를 피우거나, 자전거를 훔치는 등 불량 행위나 문제 행동을 반복하기 때문에 학교에서는 포기하게 된다. 따라서 이렇게 되기 전에 초등학생 때 조금이라도 빨리 신호를 알아채고 대응하는 것이 중요하다.

그렇지 않고 이런 아이들이 어른이 되면 어떻게 될까? 아직 학생일 때는 학교 교사의 관리하에 있을 수 있지만, 성인이 되어 사회에 나가면 완전히 잊히고 만다. 사회에서 혹독한 현실을 마주한다. 업무 실수가 잦고 직장 내 인간관계가 원만하지 못한 것 등의 이유로 여러 직장을 전전하거나 집에 틀어박혀 나오지 않거나 한다. 우울증이 생기기도 하고 최악의 경우 범죄를 저질러 교도소에 들어가는 일도 생긴다. 다음 장에서는 이렇게 성인이 되어 잊힌 사람들에 대해서 이야기하겠다.

한국 내 지적 장애 아동 지원 현황

한국의 경우 경계선 지능에 있는 아동 및 청소년은 한 학급당 20명이라고 할 때 3명꼴로서 전체 학생 수의 약 14퍼센트 정도로 추정됩니다. 일본과 비슷한 수치입니다. 지적 장애 학생은 전체 학생 수의 약 1퍼센트 정도 될 것으로 추정하고 있습니다.

참고로 한국에서는 지적 장애를 3등급으로 구분하며 판정 기준은 다음과 같습니다.

1급은 IQ 35 미만으로 일상생활과 사회생활의 적응이 현저히 곤란해 타인의 보호가 필요한 사람, 2급은 IQ 35~49로 일상생활에서 단순한 행동을 훈련시킬 수 있고 어느 정도 감독 및 도움을 받으면 복잡하고 특수 기술이 필요치 않은 직업을 가질 수 있는 사람, 3급은 IQ 50~69로 교육을 통해 사회적·직업적 재활이 가능한 사람입니다.

현재 한국의 지적 장애인은 2019년 기준 약 21만 명입니다. 5년 전인 2014년에는 약 18만 명으로 약 3만 명 증가한 수치입니다. 이는 지적 장애인이 숫자가 급격히 늘어난 일본과는 차이가 있다고 볼 수 있는데, 지적 장애에 대한 인식과 관심도에 따라 다를 수 있겠습니다.

근래 들어 한국에서는 경계선 지능 아동과 청소년에 대한 다양한 노력과 시도들을 하고 있습니다. 먼저 국가적 차원의 노력을 살펴보면, 지난 2016년 초·중등교육법 일부개정안이 통과되면서 경계선 지능 아동 지원의 법적 근거가 마련되는 등 제도적 관심이 지속적으로 확대되고 있습니다. 전남교육청은 '천천히 배우는 학습자 지원 조례'를 제정했고, 이후 각 시도 교육청이 관련 조례를 연이어 제정하고 있는 추세입니다. 또한 지자체와 각급 교육지원청에서도 각 지역 특성에 맞는 지원 프로그램을 마련하고 맞춤형 지도를 실시하고자 노력하고 있습니다.

2020년부터는 아동권리보장원이 주관하고 전국 지역아동센터에 다니고 있는 아동과 청소년을 대상으로 하는 사회 적응 프로그램이 시범적으로 운영되고 있습니다.

서울시에서는 2020년부터 발달 장애 아동 및 경계선 지능 아동을 위한 '느린 학습자를 위한 시끄러운 도서관' 시범 사업을 진행 중인데, 발달 장애 및 경계선 지능 아동 특성상 눈치 보지 않고 책을 읽을 수 있는 공간이 필요하다는 인식에서 출

발했습니다. 이외에도 대상 아동을 위한 예술 활동 지원, 교육 전문 기업과 연계한 학습 지원 등 다양한 지원책을 펼치고 있습니다.

하지만 소년원 등 교정 시설에 있는 지적 장애 및 경계선 지능 청소년을 위한 지원책은 아직 미흡한 형편입니다. 2010년 연세대 의대 신의진 교수를 중심으로 실시한 연구에 따르면, 82명의 성폭력 가해 청소년의 지능을 검사한 결과 26.5퍼센트에 해당하는 19명이 지적 장애(IQ 69 이하 4명)이거나 경계선 지능(IQ 70~79에 해당 15명)에 해당하는 지적 수준을 보였다는 점이 제기되었습니다. 또한 국가인권위원회에 제출된 자료에 따르면 2016년 3월을 기준으로 전국 10개 소년원에 있는 총 1018명의 보호 소년 중 정신 질환, 품행 장애(다른 사람의 권리를 침해하거나 사회적 규범을 어기는 행위가 반복적으로 나타나는 증상) 등으로 정신건강 치료가 필요한 보호 소년은 230명으로 전체 인원 대비 22.6퍼센트를 차지하는데, 이 중 37퍼센트가 지적 장애 및 경계선 지능에 해당한다고 합니다.

이에 한국에서도 보호 소년에 대한 약물 치료 및 심리 치료 등 전문적인 의료 지원을 할 수 있는 의료 보호 시설의 필요성이 대두되었고, 현재 각 시설에 속속 부설 의원이 개설되고 있습니다. 하지만 낮은 인지 기능을 보완하여 이들의 잠재적 기능을 높임으로써 도덕의식 회복 및 바른 삶에 대한 의지를 제대로 갖도록 하는 교육 프로그램은 아직 부족한 실정입니다. 보호 소년을 위한 심리 치료 및 인지 기능 향상 프로그램을 개발하여 적용함으로써 반복되는 비행을 예방하고 사회에 빨리 적응하고 복귀할 수 있도록 도와야 할 것입니다.

5장

사회에서 잊힌 사람들

왜 금방 들통날
범죄를 저지른 걸까

최근 뉴스를 보면 "나이도 충분히 먹을 만큼 먹은 어른이 어째서 저런 범죄를 저지르는 걸까?"하고 고개가 갸웃거려지는 사건을 많이 접한다.

내 기억에 강렬하게 남아 있는 사건으로는 2014년에 고베 나가타에서 일어난 초등학교 1학년 여아 살해 사건이 있다. 초등학교 1학년짜리 여자애가 하교 후 친구 집에 가던 중 행방불명이 되었다가 근처 잡목림에 버려진 비닐봉지 안에서 사체로 발견된 사건이다.

범죄를 저지른 사람이라면 자신의 정체가 드러나지 않도록 증거를 철저하게 숨길 것으로 우리는 생각한다. 하지만 그 비닐봉지 안에는 담배꽁초와 이름이 적힌 진찰권이 들어 있었다. 간단히 생각해봐도 자기 이름이 적혀 있는 진찰권을 사체와 함께 넣어 버릴 범인은 없다.

어째서 이렇게 금방 들통 날 일을 할까? 나도 신기하게 생각했다. 용의자는 육상 자위대의 군인으로 대형 1종 면허 및 특수 면허를 가지고 있었다. 나름 능력이 있는 것은 분명했다. 그런 용의자가 어째서 비닐봉지 안에 자기 이름이 적혀 있는 진찰권을 넣었을까? 사이코패스와 같은 이해할 수 없는 인간인 걸까? 이런 생각마저 들었다.

나중에 그가 경도 지적 장애 범위에 들어가는 요육수첩 발급 대상자라는 것을 알고, 그의 기이한 행동이 이해가 갔다. 지적 장애가 있는 사람은 앞뒤 일을 가늠하지 못하고 행동한다. 어떤 행동을 했을 때 어떤 결과가 나올지 전혀 예측하지 못한다. 특히 서둘러 뭔가를 해야 하는 상황에서는 앞뒤 분간 못하고 그때그때 판단해버리기 쉽다. 그 용의자도 진찰권이 비닐봉지 안에 들어 있으면 자기의 신분이 노출된다는 생각을 하지 못했을 것이다.

어떤 행동을 취했을 때 그에 따른 결과를 예측하는 논리적 사고를 하기 위해서는 '사색의 깊이'가 필요하다. 예측력이란 행동에 따라 벌어질 일을 몇 수까지 읽을 수 있는가

하는 것이다. 지적인 면이 부족한 사람은 이 사색의 깊이가 얕기 때문에 앞으로 일어날 일을 꿰뚫어보는 힘이 약하다.

그런데 여기에는 큰 오해가 있다. 만약 지적 장애가 있다고 한다면 그때까지 주위 사람들이 알아보고 어떤 지원을 해주지 않았을까 하고 생각하기 쉽다.

하지만 경도 지적 장애인은 일상생활을 하는 데 있어 일반인과 그다지 다른 특이점이 보이지 않는다. 경도 지적 장애인이라도 육상 자위대에 입대할 수 있고, 대형 1종 면허 및 특수 면허를 취득할 수 있다. 특히 경도 지적 장애나 경계선 지능에 있는 사람들은 주변 사람들이 거의 알아채지 못할 수준으로 생활하는 경우가 있기 때문에 어떤 문제를 일으켰을 때 '왜 그런 일을 벌였는지 이해할 수 없는 사람'으로 보이는 일도 있다.

일상적인 삶을 제대로
누리지 못하는 사람들

주변 사람들이 이해할 수 없는 언행을 보이는 사람들이 우리 사회에 얼마나 있을까?

앞에서도 말했지만, 현재 지적 장애인을 가르는 기준은 IQ가 70 미만의 사회 성숙도(社會成熟度)가 낮은 사람이라고 되어 있다. 이 기준에 맞춰 본다면 전체 인구의 약 2퍼센트가 지적 장애에 해당된다.

하지만 1950년대 기준인 'IQ 85 미만'을 적용하면 전체 인구의 16퍼센트가 해당된다. IQ 70~84에 해당하는 경계선 지능은 전체 인구의 14퍼센트 정도 된다. 물론 최신 DSM-5에 의하면 지적 장애 진단 기준에서 IQ가 제외되었기 때문에 현재 경계선 지능은 지적 장애에 해당되지 않는다. 하지만 IQ가 100이 되지 않으면 현대 사회에서는 보통의 삶을 영위하기가 어느 정도 힘들 것으로 보인다. IQ 85 미만이 되면 상당히 힘들게 느낄지도 모른다.

그런데 이들은 어려운 상황에서도 스스로 지원 요청을 하지 못한다. 공식적으로 장애를 가지고 있다고 인정받지도 못한다. 그렇기 때문에 대부분 지원을 받지 못하고 여러 직업을 전전하면서 일을 계속하지 못하고 집에 틀어박혀 있거나 크고 작은 문제에 휘말리는 등 일상적인 삶을 누리기 힘든 상황에 놓일 가능성도 있다.

어른이 되면
잊히는 사람들

미국지적및발달장애협회(American Association on Intellectual and Developmental Disabilities)에서 발간한 《지적 장애 : 정의, 분류 및 지원 체계(Intellectual Disability: Definition, Classification, and Systems of Supports) 제11판》을 보면, 제12장 '지적 장애인으로 더 높은 IQ를 가진 사람들의 지원 요구'에서 바로 이 '잊힌 사람들'에 대해서 언급한다. 지적 장애인의 80~90퍼센트는 IQ 수준이 비교적 높은 사람들로 일반 집단과 명확하게 구별되지 않는다고 한다.

'경도'라는 표현 때문에 오해를 사기 쉽지만, 이런 경도 지적 장애나 경계선 지능에 해당하는 사람들도 많은 지원이 필요하다. 그럼에도 불구하고 사회적으로는 장애가 없는 사람과 구별되지 않기 때문에 요구도가 높은 일을 부여받는다. 그 일을 제대로 해내지 못하면 사람들에게 비난을 받기도 하고, 자신이 제대로 일을 하지 못한 탓이라고 여기기도 한다. 이들은 스스로 평범하다고 생각하고, 그렇게 살려고 하기 때문에 업무에서 실패가 계속되더라도 필요한 지원의 기회를 거부하거나 잃게 되기도 한다.

이외에도 책에서 언급하는 이들의 특징으로는 다음과 같은 것들이 있다.

- 소득이 적다, 빈곤율이 높다, 고용률이 낮다
- 편부모 가정이 많다
- 운전면허 취득을 어려워한다
- 영양이 부족하고 비만율이 높다
- 인간관계를 맺고 유지하기가 힘들고 홀로 고립되기 쉽다
- 지원이 없으면 문제 행동을 일으키기 쉽다

이러한 상황인데도 "대부분은 연구 문헌에서 언급되지 않는다"라고 쓰여 있다. 말 그대로 '잊힌 사람들'인 것이다.

문제없는 사람들과
구별이 힘들다

지적 취약점이 있는 사람은 보통 생활하는 데 있어서 지적 취약점이 없는 사람들과 거의 구별되지 않는다. 특히 경도 지적 장애나 경계선 지능에 있는 사람들은 평상시 평범

한 일상적인 대화도 가능하기 때문에 어디에 장애가 있는지 의문스러울 때도 있다.

그러다 무언가 곤란한 상황이 발생했을 때 비로소 다른 특성이 드러난다. 늘 하던 일이라면 괜찮지만, 평소 했던 것과는 다른 일이거나 처음 겪는 일을 만나면 어떻게 대응하면 좋을지 몰라 생각의 회로가 멈춰버리기도 한다. 유연하게 대응하는 것이 서투르기 때문이다.

예를 들어, 늘 타고 다니는 전철 노선에 문제가 생겨 운행이 멈췄을 때 유연하게 다른 경로를 찾지 못하고 쩔쩔맨다. 패닉 상태가 되거나 기존 방법에 집착하거나 다른 사람에게서 들은 말에 휘둘린다. 곤란한 일이 생겼을 때 유연한 사고가 가능하다는 것은 어떤 의미에서는 현명하다고 할 수 있다. 하지만 이들은 그런 유연한 사고를 하는 것이 서투르다. 반대로 말하면, 무언가 곤란한 일이 생기지 않았을 때는 지적인 취약점이 있는 사람과 그렇지 않은 사람을 구별하기 힘들다. 그렇기 때문에 주변에서 문제를 알아보지 못하는 것이다.

'경도'라는 표현에
대한 오해

일본에서는 지적 장애를 크게 경도, 중등도, 중도, 최중도로 구분한다.* 이 중 80퍼센트 이상이 경도 지적 장애에 해당하기 때문에 지적 장애라고 하면 대체로 경도라고 생각해도 무방하다. 하지만 경도 지적 장애라고 해서 중등도나 중도보다 지원을 적게 해도 되는 것은 아니다. 오히려 경도에 해당되면 장애가 없는 사람과 구별하기 어려워 방치되는 일이 많다. 경도라는 단어에서 지원이 별로 필요하지 않다고 오해하기도 한다. 또한 당사자도 평범하게 생활하기를 원해 지원을 거부하기도 한다. 이러면 지원받을 기회를 놓치게 된다.

하지만 한편으로는 사회에서 '도움이 안 되는 사람들'로 공격받거나 착취를 당하는 등 여러 가지 곤란한 상황에 직면하기도 쉽다. 그렇기에 상황에 따라서는 의도치 않게 반사회적 행동에 휘말릴 가능성도 있다. 내가 근무하던 소년원에서 그런 아이들을 다수 볼 수 있었다.

● 한국은 1급, 2급, 3급 총 세 등급으로 분류한다.

지적인 취약점 때문에
학대를 받는다

　최근 아동 학대 통보 건수가 급격히 증가하고 있다. 2017년도에는 13만 건을 넘었다고 한다.* 물론 보고되었다고 하지만 학대라고 판단하기 힘든 경우도 있고, 의심은 되지만 피해 아동을 보호 조치까지는 하지 못한 케이스도 있어 13만 건 전부가 학대에 해당되지는 않는다.

　학대받는 아이가 있다면 한시라도 빨리 찾아내어 보호하는 것이 중요하다. 하지만 학대가 보고된 아이가 부모와 격리되어 시설에 맡겨지는 경우는 실제로 10퍼센트 정도에 불과하다.* 즉 90퍼센트의 아이가 부모에게 다시 되돌아간다. 시설에 보호된다고 한들 언젠가는 부모에게 돌아가야 하는 날이 온다. 그렇기에 학대와 관련해서는 아이를 보호하는 것에서 더 나아가 부모가 다시는 학대하지 않도록 어떻게 지원할 것인가가 문제 해결의 열쇠가 될 것이다.

　학대하는 부모들은 대개 이러한 특성을 보인다. 고지식해

● 한국의 경우 2012년부터 2019년까지 누적 건수 13만 건 이상이 보고되었다.
● 한국의 경우 2017년 기준 약 8퍼센트, 2018년 기준 15.2퍼센트가 시설에 맡겨졌다.

'반드시 이래야만 한다'는 고정관념이 강하다, 자신의 약한 부분을 다른 사람에게 보여주지 않는다, 곤란한 상황에 놓여 있어도 다른 사람에게 상담하지 못한다, 고립되어 있다, 인간관계가 서투르다, 경제적으로 어렵다 등. 무언가 깨달음이 오지 않는가? 바로 경도 지적 장애나 경계선 지능에 있는 사람들과 무척 비슷하다.

육아는 예상치 못한 일의 반복이다. 만약 부모가 지적인 취약점을 안고 있다면 공황을 일으켜 아이가 싫어하는데도 같은 육아 방법을 반복하거나, 아이를 방치하고 도망쳐버리는 등의 행동을 할 공산이 있다. 나는 학대 부모 중에 이렇게 미처 알지 못한 지적인 취약점을 가진 부모들이 상당한 비율로 있고, SOS를 치고 있는 것이 아닌가 생각한다.

그렇다고 학대 부모의 IQ를 매번 측정할 수도 없고, 고학력자인데도 아이를 학대하는 부모가 있기도 해서 어디까지나 추측에 지나지 않는다. 하지만 학대 부모가 지적인 취약점을 안고 있다면, 아이를 학대하는 것을 방지하기 위해 부모와 아이가 함께 다시 생활하기 전에 심리적·사회적인 지원은 물론이고 부모의 생물학적 측면의 지원, 즉 지적 능력 면에도 알맞은 지원이 필요하지 않을까 생각한다.

보호 대상인 장애인,
범죄자가 되다

장애인은 지원이 필요한 존재다. 이들을 보호하기 위해서 지원자는 매일 다양한 방법을 고민한다.

장애인은 상처받기 쉬운 존재다. 성공의 체험이 적어서 자신감을 갖기도 어렵다. 그렇기 때문에 지원자는 상대가 상처받지 않도록 단어를 잘 선택하고, 조금이라도 자신감을 가질 수 있게 매일 분투하고 있다.

생각해보자. 잘못해서 이들에게 상처가 될 말을 한다면 어떻게 될까? 이들의 마음이 바로 꺾여버릴지도 모른다. 장애인의 마음은 유리처럼 매우 섬세하다. 그렇게 세심하게 보호해주지 않으면 바로 마음이 꺾여버리기 쉬운 장애인이 학교와 사회에서 알아봐주지 못해 상처받고 피해자가 될 뿐 아니라 범죄자(촉법 장애인이라 부르기도 한다)가 되는 일도 생겨난다.

내가 근무하던 의료 소년원은 바로 그런 아이들이 모이는 곳이었다. 세심하게 돌보고 지켜주어야 하는 장애가 있는 아이들이 학교에서 도외시되고 있다. 적절한 지원을 받기는커녕 심한 경우 학대를 받고 따돌림을 당하다가 최종적으로는 가해자가 되어버리는 것이다.

사회에 나가면 더욱 심각해진다. 학교에서처럼 신경 써서 살펴주는 선생님도 없이 사회의 거친 파도 속에서 적응하지 못하고 집에 틀어박히거나 한다. 병이 나거나 경우에 따라서는 가해자가 되기도 한다.

수감자가 된
장애인의 실태

이러한 문제는 정치자금규정법 위반으로 도치기 현의 구로바네 형무소에서 복역한 적 있는 야마모토 죠지(山本讓司) 전 중의원 의원이 쓴 《옥중일기(獄窓記)》에도 자세하게 나와 있다. 형무소 안은 흉악한 범죄자들로 가득할 것이라고 생각했던 야마모토 전 의원이 그곳에서 실제로 본 것은 장애가 있는 수많은 수감자였다.

형무소 내 수감자 중 경도 지적 장애나 경계선 지능인 사람이 상당한 비율로 있을 것으로 예상된다. 일본 법무성 교정 통계표에 따르면 2017년에 새로 입소한 수감자 1만 9336명 중에 3879명이 교정협회 심리검사 평가지수(CAPAS, Correctional

Association Psychological Assessment Series)가 69 이하였다. CAPAS란 일본교정협회에서 만든 수감자의 지적 능력을 검사하는 도구로, 다른 지능 검사와의 상관관계에서 산출되는 IQ 해당치가 있으며 표준 점수로 수치화된다. 이 수치에 따르면 수감자의 약 20퍼센트가 지적 장애인에 해당될 것으로 보인다. 경도 지적 장애에 해당하는 사람(CAPAS 50~69)이 약 17퍼센트, 경계선 지능에 해당하는 사람(CAPAS 70~79 또는 80~89의 약 절반의 합계)이 약 34퍼센트였다. 즉 교정 통계표에서 경도 지적 장애에 해당하는 사람과 경계선 지능에 해당하는 사람을 합치면 신규 수감자의 절반이 넘는다. 일반적으로 경도 지적 장애와 경계선 지능을 합친 수치가 전체 인구의 15~16퍼센트인 것을 감안하면 상당히 높은 비율이라고 할 수 있다.

하지만 이 수치는 문제가 있다는 비판을 받았다. 2014년에 일본 법무성 법무총합연구소가 발표한 결과(법무총합연구소 연구부 보고 52)에 따르면 형무소 내 지적 장애인의 비율은 2.4퍼센트였다. 교정 통계표의 20퍼센트라는 수치와 여덟 배 넘게 차이가 난다.

이런 차이가 생기는 이유가 무엇일까? 교정 통계표에서는 수감자의 지능을 측정하는 데 교정협회 자체 도구인

CAPAS를 이용하고 있기 때문이다. CAPAS는 WAIS와 더불어 수감자의 지적 장애를 판단하는 대표적인 지능 검사로 이 둘은 어느 정도 상관관계가 있다. 하지만 CAPAS는 연령에 따른 수치 보정이 충분하지 않고, 몇 가지 결점이 있다고 지적되고 있다. 고령자가 많으면 수치가 낮아지고, 재수감된 사람의 경우 의욕 저하가 쉽게 오기 때문에 지적 장애라고 판단되는 사람이 많아지는 경향을 보인다. 하지만 그렇다고 해서 형무소에 있는 지적 장애인이 겨우 전체의 2.4퍼센트라고 말해도 되는 걸까?

그렇다면 2014년 법무총합연구소의 조사 자료는 어떻게 지적 장애 수감자의 수를 산정했을까? 보고서를 읽어보면 형무소 직원에게 조사표를 배포해 지적 장애 혹은 지적 장애가 의심되는 사람의 수를 직접 기입하게 했다. 조사표에는 이미 의사에게 진단을 받은 자와 CAPAS 등에서 지적 장애가 의심되어 정밀 검사가 필요하지만 아직 의사의 진단을 받지 않은 자를 기입하는 항목이 있었다.

즉 지적 장애를 가지고 있는지 어떤지에 대한 판단을 직원에게 맡긴 것이다. CAPAS로 문제가 없다고 판단된 수감자는 조사하지 않았을 가능성이 있고, 경계선 지능에 대해서는 조사하지 않았을 공산이 크다. 이런 조사로는 절대 실태가 파악되었다고 할 수 없다. 만약 CAPAS가 실제 IQ보다도 높게 측정된다면, 다시 말해 실제로는 IQ가 65인데 CAPAS에서는 80이라고 나와버리면 이 조사에서는 누락되었을 가능성이 있는 것이다.

소년원 안의 '잊힌 아이들'

'실제 IQ보다도 지수가 높게 나올 가능성'에 대해서는 예전에 내가 근무하던 소년원에서도 그 사례를 찾아볼 수 있다.

인쇄물 등으로 일시에 다수의 IQ를 측정할 수 있는 집단식 검사에서 80 이상을 받아 지적인 문제가 없다고 판정된 소년이 있었는데, 소년원에서 부적응 행동을 반복해 몇 번이고 근신 처분을 받았다. 소년원에서는 문제를 일으킨 사람이 있으면 회의가 열리고 사안에 따라 처분을 내린다.

그러다 정신과 진찰 의뢰가 와서 내가 진료를 보게 되었다. 소년에게 여러 가지 과제를 내어보니 간단한 계산을 하지 못하고 간단한 그림을 따라 그리지 못하는 등 지적 능력이 의심되었다. 그래서 WAIS에 따른 정식 IQ 검사를 했더니 60대가 나왔다. 결국 이 소년은 소년원에서 지적 장애인 시설로 옮겨졌다.

이는 하나의 예에 불과하다. 그 외에도 분명히 집단식 검사에서 지능이 높게 나왔을 것으로 보이는 비행 소년을 수없이 만났다. 소년 감별소의 심리기관에게 물어보면 정확한 지수를 측정할 수 있는 WAIS를 모두에게 시행할 시간이 없다고 한다. 따라서 집단식 검사로 지적 장애가 의심되지 않으면 그 이상 검사는 하지 않는다는 것이다.

이는 굉장히 무서운 일이다. 왜냐하면 소년 감별소에서 한 번 '지적 문제 없음'으로 판정이 나면 소년을 지도하는 법무교관은 그 결과를 그대로 받아들이고 내용을 정정할 수 없기 때문이다. '지적 문제 없음'으로 나왔다면 어떤 문제를 일으켰을 때 장애가 없는 사람과 마찬가지로 엄격한 처우를 받는다. 실제로 그런 소년이 무언가 문제를 일으키면 '꾀를 부린다' '반항적이다' '의욕이 없다' '연기를 한다' '관심을 끌려고 그러는 것이다'와 같은 전문가라고 생각되지 않는 발언을 하는 법무교관이 있을 정도다.

지적 취약점이 있는 소년은 그런 엄격한 처우를 받아도 문제를 이해하지 못하고 난폭해지는 등 부적응 행동을 반복한다. 그럴 때마다 독방에서 반성, 출소 시기 연장 같은 처분이 내려지는데 그런 결정에 더 난폭하게 굴다가 다시 징계를 받는 악순환에 빠져든다. 그렇게 되면 소년의 감정을 억제하여 교관의 지시를 듣게 하기 위해 정신과 의사를 부르고 정신과 약이 처방된다. 효과가 없으면 점차 약의 투여량도 증가한다. 그러다 보면 소년원을 나올 무렵에는 약이 없으면 안 되는 환자가 되는 일도 생긴다.

취약 계층인 장애가 있는 소년에게 엄격한 처우를 하면 어떻게 될까? 많은 경우 우울증과 같은 상태가 되고, 정신과 질환이 발병하기도 해 정신과 약을 처방받는 상황에 처한다. 적절한 조치가 취해진다면 필요하지 않았을 약을 먹고, 출소 후에도 원래라면 필요치 않았을 정신과 병원 통원 치료를 받게 되는 등 우리 어른이 이들의 인생을 망치고 있는 것이다.

피해자가
피해자를 만든다

나는 성범죄 소년을 대상으로 재범 방지 치료 프로그램

을 오랫동안 시행해왔다. 일반적으로 성범죄를 저지른 소년은 유소년기에 성적 학대 같은 피해를 당한 경우가 많을 것이라고 생각하는 연구자가 적지 않다. 그런데 내가 만난 성범죄 소년들은 이 경우에 해당하지는 않았다. 본인이 성적 피해를 당했다고 말하지 않았을 가능성도 있다. 하지만 그보다는 집단 따돌림 쪽 피해가 더 많았다. 95퍼센트 정도가 심한 따돌림을 당하다가 그 스트레스로 유아를 상대로 일을 저지른 케이스가 대부분이었다.

이들에게 분명한 장애가 있었다면 주위 사람들이 알아보고 따돌림당하지 않도록 어떤 지원을 해주었을 가능성이 있다. 하지만 그렇지 못해서 잊혀지고 '경도'라는 이유로 방치된다. 그 상태로는 공부를 따라가지 못해서, 인간관계가 서툴러 친구를 사귀지 못해서, 운동을 잘하지 못해서 등의 이유로 따돌림을 당할 위험이 높아지고, 그렇게 따돌림을 당하면 이번에는 자신보다 약한 존재를 찾아 성범죄를 저지르는 것이다. 이런 일이 반복된다. 그야말로 피해자가 새로운 피해자를 만들고 있는 상황이다.

6장

칭찬 교육은 해결책이 아니다

진정 칭찬 교육으로
개선될까

　이제 학교와 그 외의 교육 현장에서 이뤄지고 있는 아이들에 대한 지원 방법이 정말로 효과가 있는 것인지 생각해보고자 한다.

　어떤 원인으로 곤란을 겪고 있는 아이는 수없이 많다. 현재 나는 여러 초등학교, 중학교에서 정기적으로 학교 컨설테이션을 하고 있다. 컨설테이션을 할 때는 교사들에게 곤란을 겪고 있는 아이들의 사례를 듣고 어떻게 하면 좋을지 다 같이 의견을 나눈다. 그 과정은 다음과 같다.

　먼저 어떤 문제가 있는 아이의 담임교사가 상담하고 싶은 사례에 대해 발표한다. 그 후에 참가자들이 그룹을 만

들어 사례에 대해 각 그룹에서 질문을 하고, 참가자 모두가 함께 아이의 상황에 대해 이해한다. 그리고 마지막으로 앞으로 어떻게 아이를 지원하면 좋을지 그룹별로 이야기를 나눈 후 각 그룹에서 지원 방안을 제안한다.

이 과정에서 빈번하게 나오는 가장 일반적인 지원 방안은 '아이의 장점을 찾아내어 칭찬하기'다. 문제 행동만 일으키는 아이는 아무래도 나쁜 쪽으로만 눈이 향하니 좋은 면을 찾아내어 칭찬하자거나 작은 일도 칭찬하자거나 역할을 부여해서 성공적으로 수행하면 칭찬하자거나 하는 내용이다. 아무튼 '칭찬' 일색이다. 이런 이야기를 듣고 있는 나로서는 '또 나왔구나' 하는 생각만 든다.

물론 칭찬을 부정하는 것은 아니다. 하지만 이런 경우 가장 불만족스러운 표정을 짓는 사람은 사례를 제시한 담임교사다. '그런 건 말하지 않아도 알고 있다'고 말하고 싶은 표정이다. 그런데 모두가 그런 조언을 해대니 어딘가 개운하지 않은 기색이다. 누구를 막론하고 그런 건 이미 한참 전부터 해오고 있기 때문이다. 몇 번이고 시도해보았지만 효과가 없었기에 교사는 곤란할 것이다.

상담 사례로 올라오는 아이들은 공부도 못하고 운동도 못하고 인간관계도 서툴러서 칭찬할 만한 부분을 쉽게 찾을 수 없다. 조금이라도 잘하는 부분을 찾겠다고 하다 보면 보통 사회에서라면 칭찬받을 만한 게 아닌 것을 칭찬하게 된다.

그렇게 해서 정말로 문제가 해결될까? 아마도 처음에는 아이도 칭찬을 받아서 기뻐하고 효과가 있을지도 모른다. 하지만 오래가지는 못한다. 근본적인 문제가 해결되지 않는 한 금세 원래대로 돌아가버리는 일이 많다.

소년원의 아이들 중에서도 교관 선생에게 주의와 지도를 받으면 "나는 칭찬받으면 발전하는 타입이에요"라고 울면서 항변하는 소년이 있다. 분명 부모에게 그런 말을 들었기 때문일 것이다. 그런데 그렇게 자란 결과가 소년원 입소인 것이다.

칭찬과 더불어 자주 나오는 방안이 '이야기 들어주기'다. 이것도 아이의 마음을 받아들이고 안정시키는 데 효과는 있다. 하지만 근본적인 해결책이 아니기 때문에 오래가지 못한다.

칭찬하기, 이야기 들어주기는 그 자리를 모면하기는 좋을 뿐 길게 보면 근본적인 해결책이 되지 못한다. 오히려 아이의 문제 해결을 뒤로 미룰 뿐이다.

공부를 못해서 자신감을 잃고 속상해하는 아이에게 "달

리기는 잘하잖아"라고 칭찬하거나 "공부가 안 돼서 속상하구나" 하고 맞장구를 쳐준다고 해서 공부를 못하는 상황이 변하지는 않는다. 공부를 잘할 수 있게 직접적인 지원을 해주는 것만이 근본적으로 문제를 해결할 수 있다.

초등학교에서라면 칭찬해주고 이야기를 들어주는 것으로도 아이가 그럭저럭 잘 지낼 수 있을지도 모른다. 하지만 중고등학교에서 원만하게 생활하지 못하고, 나아가 사회에서도 그렇다면 "아무도 칭찬해주지 않는다" "아무도 이야기를 들어주지 않는다"라고 말해본들 문제는 해결되지 않는다.

'아이의 자존감이 낮다'는 틀에 박힌 문구

학교 컨설테이션 과정에는 아이에 대한 이해도를 높이는 단계가 있다. 그때도 반드시 나오는 말이 있다. 바로 '이 아이는 자존감이 낮다'는 말이다.

아이가 어떤 곤란을 겪고 있는지 이해하기 위한 토론 자리에서도 이 말은 꼭 나왔다. 소년 감별소에서도 조사관이 작성한 소년 검사부 기록을 보면 꼭이라고 해도 될 만큼 '이 소년은 자존감이 낮음'이라고 적혀 있다.

나는 이 말에 항상 위화감을 느낀다. 여러 가지로 문제 행동을 일으키는 아이는 그때까지 부모나 교사에게 계속해서 야단을 맞아왔으니 자존감이 높을 리 없기 때문이다. '자존감이 낮다'는 것은 당연할뿐더러 그렇게 써두면 거의 틀릴 일이 없다.

그리고 애초에 '자존감이 낮다'는 것이 과연 문제가 되는지도 의문이다.

어른들은 어떤가? 자존감이 높은 편인가? 하는 일이 잘 안 되어서 자신감을 잃고 자존감이 낮아질 때도 있을 것이다. 반대로 하는 일이 궤도에 올라 사회적으로 성공하면 자존감이 높아질 수도 있다. 어쩌면 사회의 험난한 파도 속에서 생각하는 대로 일이 안 되고, 직장에서도 인간관계가 원만하지 않고, 이상적인 가정을 만들지 못하는 등 자신감을 쉽게 갖지 못하고 자존감이 떨어진 어른이 더 많지 않을까?

그렇다고 대부분의 사람이 범죄를 저지르거나 사회에 적응하지 못하는 것은 아니다. 즉 자존감이 낮아도 사회인으로 나름의 생활을 해나가고 있다. 반대로 자존감이 지나치게 높으면 오히려 자기애가 강하고 자기중심적으로 보일지도 모른다. 어른들도 웬만해서는 높게 유지할 수 없는 자존감을 아이들에게만 낮아서 문제라고 하는 것은 모순이다.

문제는 자존감이 낮은 것이 아니라 자존감이 실제 자신의 상태와 괴리가 있는 부분이다. 아무것도 하지 못하면서 자신감만 지나치게 높거나, 반대로 뭐든 잘하는데도 전혀 자신감을 갖지 못하는 것처럼 실제 자신을 파악하지 못할 때 문제가 생긴다.

'자존감이 낮다'는 말 뒤에 따라오는 것은 '자존감을 올릴 수 있게 지원이 필요하다'는 결론이다. 이런 내용을 볼 때마다 "이걸 쓴 조사관의 자존감은 애초에 높은가?"라고 묻고 싶은 심정이다. 자존감은 억지로 올릴 필요도 없고, 낮은 상태로도 괜찮다. 있는 그대로의 나를 받아들일 수 있는 강한 정신이 필요하다. 이제 적당히 '자존감이 어쩌고' 하는 표현에서 졸업해주길 바라는 마음이다.

교과 교육 외의 것을
홀대하는 현실

아이에 대한 지원은 학습적인 면(인지 기능 등), 신체적인 면(운동 능력 등), 사회적인 면(인간관계 등) 등 크게 세 가지로 나눠 볼 수 있다. 보호자에 대한 지원도 있긴 하지만 아이에 대한 직접적인 지원은 이 세 가지로 이뤄진다.

나는 강연을 할 때 그 자리에 있는 교사들에게 종종 이런 질문을 던진다.

"선생님 여러분이 이 세 가지 중 최종적으로 아이들이 익히기를 바라며 가장 중요하게 생각하는 지원은 무엇입니까?"

대부분의 교사들이 '사회적인 면'이라고 대답한다. 그러면 나는 이어서 질문한다.

"그렇다면 선생님들이 가장 중요하다고 생각하는 사회적인 면의 지원으로 학교에서는 지금 어떤 지도를 체계적으로 하고 있습니까?"

대부분의 교사가 "아무것도 하지 않고 있다"라고 답한다. 그중에는 "아이들 사이에서 트러블이 있을 때 그때그때 지도하고 있다"라고 대답하는 교사도 있다.

그런데 한번 생각해보자. 초등학교라면 국어, 수학, 과학, 사회 같은 교과목 수업 시간표가 촘촘하게 짜여 있다. 그중 일주일에 겨우 한두 시간 정도 도덕 시간이 있다. 그렇다면 도덕 시간에 사회적인 면의 지도를 하고 있는가? 그렇지 않다. 트러블이 일어났을 때 그때그때 지도하는 것만으로는 사회적인 면의 지원은 우연히 생긴 필요에 따라 하는 정도에 지나지 않는다. 즉 지금 학교 교육에서는 체계적으로 갖춰진 사회적인 면의 교육이라는 것이 전혀 없는 실정이다. 이것은 큰 문제다.

사회적인 면의 지원이란 인간관계, 감정 조절, 사회 예절, 문제 해결력 같은 사회에서 살아가기 위해 필요한 능력을 익히도록 하는 것이다. 이 중 어느 하나라도 갖추지 못하면 사회생활을 잘 해나갈 수가 없을 것이다.

사회적인 면의 지원이 이렇게 중요한데도 체계를 갖춘 학교 교육이 거의 시행되지 않고 있는 상황이 나는 도저히 이해가 안 된다. 학교 교육에서 아무것도 하고 있지 않기 때문에 소년원에 들어온 아이에게 첫 단계부터 사회적인 면에 대한 지도를 해야만 한다. 화를 너무 쉽게 내는 아이에게는 감정 조절 방법을, 다른 사람에게 무언가 부탁하거나 인사하거나 고맙다는 의사를 표하지 않는 아이에게는 그걸 하나하나 가르쳐야만 하는 것이다.

이런 사회적인 면은 집단생활을 통해 자연스럽게 익히게 되는 아이들도 많다. 하지만 발달 장애나 지적 장애를 가진 아이들에게는 그러기가 결코 쉽지 않다. 학교에서 체계적으로 배우는 방법밖에는 없다. 이런 것을 배우지 못하면 여러 가지 문제 행동으로 이어지기 쉽고, 비행을 저지를 위험도 높아진다.

학습의 토대가 되는
인지 기능에 대한 지원이 필요하다

나는 한 시(市)에서 지역 교육 상담을 계속해오고 있다. 공부를 따라가지 못해서, 수업에 집중하지 못해서, 한자를 외우지 못해서, 선생님의 칠판 필기를 공책에 옮겨 적지 못해서, 계산이 서툴러서 등의 이유로 아이들이 학부모의 손에 이끌려 찾아온다. 초등학교 2~3학년이 대다수다.

상담은 3회로 구성되어 이뤄진다. 처음 2회는 임상심리사가 아이의 발달 검사를 하고 보호자에게 아이의 발달 상태에 대한 문진을 한다. 발달 검사는 주로 WISC라는 IQ 검사를 시행한다. 거기에 더해 심리 검사도 하지만 지능 파악이 가장 중요하다. 보호자에게 아이가 유아기에 발달 장애가 의심되는 모습은 없었는지도 물어본다.

아이의 발달이 걱정되어 상담받기 위해 시간을 내서 찾아올 정도니 무언가 문제가 발견된다. 역시 경계선 지능이나 발달 불균형인 경우가 많다. 이런 아이들에게는 7장에서 소개할 인지 강화 트레이닝 워크시트에 나오는 '점 잇기(점으로 이어진 위의 그림을 아래에 따라 그리기)'나 '형태 찾기(많은 점 중에서 정삼각형으로 놓여 있는 것을 찾아 선으로 잇기)'나 '모으기(무작위로 놓여 있는 별을 5개씩 묶기)' 같은 문제를 풀도록 시켜본다. 한자를 잘 못 외우거나 칠판 필기를 옮겨 적지 못하거나 계산이 서투른 아이들은 모두 이 문제들을 잘 풀지 못한다.

간단한 그림을 보고 정확하게 따라 그리지 못하면 당연히 한자를 못 외운다. 한자는 워크시트에서 사용하는 그림보다도 훨씬 복잡하고 어려운 형태로 되어 있다. 점과 점을 잇는 가이드도 없을뿐더러 구불구불한 모양으로 된 것도 있다. 한자를 외우지 못하는 이유는 형태를 인지하는 힘을 기르지 못했기 때문이다.

많은 점들 중에서 정삼각형을 찾지 못하는 경우는 장소

와 크기가 바뀌어도 어떤 형태를 인식할 수 있는 '형태 항상성(Form Constancy)'이란 힘을 기르지 못했기 때문이다. 형태 항상성을 기르지 못하면 칠판에 크게 쓴 글자를 공책에 작게 옮겨 적지 못한다.

별을 5개씩 묶는 힘이 없으면 받아올림과 받아내림이 있는 계산을 할 때 '필요한 수를 양으로 보는 힘'이 부족하여 계산이 서툴게 된다. 이렇듯 옮겨 쓰고, 찾아내고, 수를 세는 기초적 인지 기능이 약하면 공부를 따라가기 힘들어진다.

하지만 학교에서는 한자를 못 외우면 그저 한자 쓰는 연습을 시키고, 계산을 못하면 끊임없이 계산법을 반복하게 하는 등 하지 못하는 것을 시키려고만 한다. 한자를 익히거나 계산법을 익히는 바탕에는 '옮겨 쓰기' '숫자 세기'와 같은 토대가 있어야 한다. 그런 토대를 세우는 훈련이 없으면 아이의 학습 능력이 좋아지기는커녕 아이만 괴로울 뿐이다.

예를 들어, 국어의 문장 문제를 풀기 위해서는 히라가나•나 한자를 제대로 읽을 수 있어야 한다. 또한 수학에서 면적을 구하는 도형 문제를 풀기 위해서는 기본적으로 덧셈, 곱

• 일본의 표음 문자로 외래어를 제외한 모든 일본어를 표기하는 데 쓰인다.

셈, 나눗셈을 할 수 있어야 한다. 이렇게 학습의 전제가 되는 글자 읽기와 사칙연산이 되지 않는데 아이에게 문장 문제나 면적 구하기 문제를 계속해서 시켜봤자 아이는 더욱더 공부를 싫어하게 될 뿐이다.

현재 학교에는 이런 학습의 토대가 되는 기초 인지 기능을 평가하고, 그 결과로 약한 부분이 발견된 아동에게 적절한 훈련을 시키는 지원 체계가 없다. 소년원 내 아이들도 마찬가지다. 간단한 그림을 따라 그리지 못하고, 짧은 문장을 복창하지 못한다. 그런 상태로 초등학교, 중학교에서 어려운 공부에 시달리며 따라가지 못하다가 공부를 싫어하게 되고, 자신감을 잃거나 공부를 게을리하다가 급기야는 비행을 저지르는 것이다.

병원에서의 심리 치료가
해결할 수 없는 것

의료 분야에서는 발달 장애에 대한 지원이 활발하게 이루어지고 있다. 내가 이전에 근무하던 공립 정신과 병원에서는 발달 장애 외래 접수를 하면 초진을 받기까지 4년을 기다려야 했다. 하지만 4년이 지나면 아이의 상황은 완전히 달라지고 필요한 지원을 신속히 받을 수 없게 된다. 게다가 그렇게 사람들이 몰리는 의료 분야라면 분명 대단한 치료를 받을 수 있을 것이라 생각하지만, 실제 의료 현장에서 정신없이 바쁜 의사가 할 수 있는 것은 진단과 치료 방침을 세우는 것, 투약 정도에 지나지 않는다. 쏟아지는 환자를 진찰할 시간이 부족할뿐더러 구체적인 훈련을 실행해볼 기회가 거의 없다.

발달 장애 중에서도 자폐 범주성 장애와 ADHD의 경우는 병원에 많은 사람이 진찰받으러 오기 때문에 의사는 이에 대한 진단과 투약 치료에 관해서는 매우 뛰어나다. 예를 들어, 아이에게 ADHD가 있어 과잉 행동, 주의력 결핍이 심해 일상생활에 지장이 있으면 의사는 메틸페니데이트라는 중추 신경 자극제를 처방할 때가 있다. 개인차는 있지만 약을 투여하면 과잉 행동이나 주의력 결핍 같은 증상을 억제할 수 있다.

하지만 같은 발달 장애에 속하는 학습 장애, 경도 지적 장애, 경계선 지능의 경우는 병원에 찾아와 진찰받는 일이 거의 드물다. 이런 류는 병이라기보다 공부를 못해서 생기는 곤란한 일 정도로 생각하기 때문에 의료가 아닌 교육

분야에서 다뤄야 할 문제로 여긴다.

초진까지 4년이 걸릴 만큼 환자가 많이 몰리는 병원에서 5년이 넘게 근무했지만, 학습 장애나 경도 지적 장애, 경계선 지능만으로 진찰받으러 온 아이는 거의 기억나지 않는다. 있다고 하더라도 학습적인 면의 문제가 아니라 그 부분이 원인이 되어 2차적 부적응 상태에 접어들어 우울증이 생기거나 폭력 행동을 일으키는 등의 2차 장애로 진찰받으러 온 경우였다. 게다가 그렇게 찾아온 환자 중에는 초등학생은 전혀 없었다.

다시 말해, 학습 장애나 경도 지적 장애, 경계선 지능의 아이는 애초에 병원에 오지를 않는다. 그렇기 때문에 의사도 익숙하지 않고, 이들에게 어떤 특징이 있는지, 어떻게 대처하면 좋을지 모를 때가 많다. 따라서 '의료적 문제는 아니다' '상태를 지켜보자'로 끝날 가능성이 높다.

곤란을 겪고 있는 아이의 보호자들은 '병원에 가면 어떻게 해결해주지 않을까?' 하는 기대로 진찰받으러 온다. 하지만 '의료적 문제는 아니다' '상태를 지켜보자'라는 말을 듣고 나면 학교에서도 대처해줄 방법이 없고 문제 해결이 자꾸 미뤄지기만 할 뿐이다.

그렇다면 의사가 아닌 임상심리사는 어떨까? 발달 장애

에 대해서도 잘 알고, 오랫동안 학교 전문 상담사로 일한 이력이 있는 전문가라면 적절한 제안이나 지도 방침을 세울 수 있을 것이다. 하지만 임상심리사는 교육 전문가가 아니라 심리 문제 전문가다. 상담을 통해 경도의 기분 장애, 자폐 범주성 장애, ADHD, 등교 거부, 집단 따돌림, 사춘기 문제 등에 대해서는 대응할 수 있겠지만 학습 문제에 대해서는 구체적으로 어떻게 대응하면 좋을지 알기 어렵고 구체적인 방침을 제시하기도 힘들다. 발달 정도를 진단하거나 지능 검사를 해서 뇌의 메모장으로 불리는, 한동안 정보를 머릿속에 남겨두는 기능인 작업 기억(Working Memory)이 낮다는 결과가 나오면 그 내용을 보호자나 교사에게 전달할 수도 있다. 하지만 그것만으로 교사는 구체적인 대응 방안을 알 수 없다. 심리 검사 소견에 대해 설명을 들어도 교사가 실제 교육에 어떻게 적용해야 할지 구체적인 내용을 모르기 때문이다.

지능 검사만으로는
부족한 이유

어떤 곤란을 겪고 있는 아이를 보호자가 의료기관에 데리고 와서 진찰을 받거나 발달 상담을 하게 되면 우선 지능 검사를 받는다. 초등학생 이상이라면 대체로 WISC 검사를 받는다. 우리가 일반적으로 IQ라고 부르는 것이 이 WISC 검사 지수다. IQ는 평균 100으로 하여 네 개의 하위 지표로 구성된다. 각각의 하위지표는 두세 개의 하위 검사 결과를 바탕으로 산정된다. 즉 총 10개 분야의 검사가 있다.

예를 들어, IQ가 98로 나왔다고 하자. IQ가 98이면 평균 100에 가까우므로 문제가 없다고 생각하기 쉽다. 하지만 곤란을 겪는 아이는 대체로 10개의 하위 검사 지수 편차가 심하다. 다른 부분은 평균이거나 우수하지만 어휘력을 검사하는 '어휘'나 사회적 규칙의 이해력을 검사하는 '이해' 같은 항목의 지수가 무척 낮은 경우는 언어 이해력이나 듣는 힘이 약하다고 추정할 수 있다. 그 외에도 암산에 필요한 작업 기억 기능, 즉 일시적 정보 저장 능력이 약한 사례도 종종 있다. 지능 검사는 각 아이가 곤란을 겪는 부분이 무엇인지 발견하는 데 도움이 된다. 그 결과를 보고 어떤 지원을 하면 좋을지 참고할 수 있다.

그런데 IQ가 90 이상이고 10개의 하위 검사에서도 지나치게 낮은 부분이 드러나지 않는다면 '이 아이는 지적으로 문제없음'이라는 진단을 받는다. 학습과 행동에서 어떤 문제가 보이는데도 '지적인 문제가 없다'고 한다면 보호자나 교사가 이해하고 받아들이기 힘들다.

사실 WISC는 아이의 능력 중 일부밖에 볼 수 없다. 정확히 말하면 겨우 10개의 검사 항목으로 아이의 지능을 측정하고 있을 뿐이다. 검사를 받아보면 알겠지만, 일방적으로 문제를 내고 그저 문제에 답을 하는 형식으로, 시간 내에 가능한 많은 문제를 풀도록 하는 것이 전부다. 그림을 따라 그리는 재현력이나 묘사력을 측정하는 항목은 없다. 뿐만 아니라 답이 없는 문제를 제시하여 사고의 유연성을 알아보는 항목도 없다. 사회에서 필요한 유연성, 대인 커뮤니케이션 능력, 임기응변 능력 등은 WISC로는 측정할 수 없기 때문에 IQ는 높지만 융통성이 없다, IQ는 낮지만 요령이 좋다와 같은 아이의 문제나 특징을 놓치기 쉽다.

나는 WISC가 '구멍투성이 검사'라고 생각한다. 아이의 지능에 대한 문제를 걸러 내려고 해도 WISC로는 그럴 수 없기 때문이다. WISC 등 현재 주류로 시행되고 있는 지능 검사는 대략적으로 지능의 경향을 파악하는 데는 무척 도움이 된다. 하지만 거기서 찾아내지 못한 문제를 함께 살펴보지 않으면 '지적으로 문제없음'으로 끝나버려 검사를 받았다는 것이 오히려 지원을 받지 못하는 아이가 많아지는 결과를 만든다.

'지적으로 문제없다'는 진단이
새로운 장애를 부른다

'지적으로는 문제가 없다'는 표현은 사례 회의나 학회 연구보고에서 지금도 자주 보인다. 심한 예로는 IQ가 70 이상이면 하위 검사 지수를 보지도 않고 '지적으로 문제없음'으로 마무리하는 사례를 보기도 했다.

시험 점수가 나쁘거나, 어떤 일도 계속하지 못하거나, 문제 행동을 반복하는 아이가 있으면 지능 검사를 해본다. 그래서 지적으로 문제가 있음이 판명이 되면 "그래서 그런 행동을 했구나. 그렇다면 특별히 배려를 해줘야겠다"라고 주위 사람들도 납득할지 모른다.

하지만 한 번 '지적으로 문제없음'이라는 판정을 받게 되면 아이의 문제를 '게으름을 피운다' '성격의 문제다' '양육 방식이 잘못된 건 아닌가' 하는 식으로 생각하게 된다. 따라서 한층 더 아이를 엄하게 지도를 하거나 부모 탓을 한다. 그 결과 아이가 우울증에 걸리거나 인격 장애로 오진받기도 한다.

다른 사람과 다른 기관을 비난하고자 하는 것은 아니다. 한때 나도 같은 생각을 했던 적이 있으니까 말이다.

병원에서 근무하던 시절 등교 거부, 가정 내 폭력, 자해, 야간 배회 등을 반복해온 사춘기 고등학생이 외래 진료를 받으러 보호자와 함께 온 적이 있다. 거듭되는 부적응 행동, 가정 내 폭력, 약물 과다 복용 등으로 입원 치료까지 받아야 했다. 본인과도 몇 번이고 면담을 했다. 그 자리에서는 본인도 문제를 이해한 모습이었지만 계속해서 같은 행동을 반복했다. 그러면서 지능 검사도 진행했는데 IQ가 70 이상이었기 때문에 지적으로는 문제가 없다고 판단해 인격 장애를 염두에 두고 간호사와 협력하여 본인에게 엄격한 규칙을 설정했다. 보호자의 언행에도 의문을 가지고 아동 상담소에 양육 문제(학대)가 의심된다고 통보하기도 했다.

하지만 지금 생각해보면, 그 학생의 경우 지적 취약점이 원인이 되어 부적절한 행동이 이어졌을 가능성이 높았겠다는 생각이 든다. 일반 학교가 아닌 특수 학교도 염두에 두고 복지와도 연결할 필요성이 있었겠다고 여겨진다. 지능검사 결과만 보고 '지적으로 문제없음'으로 판단한 나의 불충분한 견해가 그 학생에게 불필요한 투약 치료와 입원 치료까지 받게 했을지도 모를 일이다.

사회적 기술을
익힐 수 없는 까닭

　임상심리사 등 전문가가 쓴 지원 대상이 되는 아이에 대한 소견을 살펴보면 대체로 '인간관계에 문제가 있어 사회적 기술 향상 프로그램 등을 통해 사회적 기술을 익히게 할 필요성이 있음'이라고 적혀 있다. 이는 소년 감별소에서 작성된 거의 모든 사례의 소견서에도 적혀 있었다. 인간관계가 좋은 아이는 일부를 제외하면 곤란을 겪는 사례로 올라오는 일이 거의 없으니 어쩌면 당연할지도 모른다. 이런 소견을 보면, 그렇다면 '어떻게 사회적 기술을 익히게 할 것인가?' 하는 문제가 남는다.
　일반적으로 사회적 기술 향상 프로그램 같은 인지행동치

료를 바탕으로 하는 훈련 방법을 많이 제시한다. 사회적 기술 향상 프로그램은 다양한 곳에서 시행되고 있고 상당한 효과가 기대된다. 분명 내용이 구체적이고 실전적이라 잘 적용한다면 사회적 기술이 향상될 것으로 보인다.

그런데 한 가지 문제가 있다. 이 사회적 기술 향상 프로그램은 인지행동치료를 바탕으로 하기에 '훈련 대상자의 인지 기능에 큰 문제가 없을 것'을 전제로 한다. 인지행동치료는 사고방식을 바꿔 부적절한 행동을 적절한 행동으로 바꾸는 방법인데, 사고방식을 바꾸기 위해서는 당연히 어느 정도 '생각하는 힘'이 있어야 한다. 듣는 힘, 언어를 이해하는 힘, 보는 힘, 상상하는 힘, 판단하는 힘이 필요하다. 이런 것들이 바로 인지 기능이라고 부르는 능력이다.

반대로 말하자면, 대상자의 인지 기능에 문제가 있을 경우에는 훈련을 받아도 무엇을 하고 있는지 이해하지 못하고 판단하지 못하는 상황이 생겨 그 효과를 볼 수 없다. 그런데도 교정 교육이나 학교 교육 현장에서는 훈련 대상자의 능력에 대한 고려 없이 무조건 사회적 기술을 높이는 프로그램만 시행하는 형식적인 대응을 하고 있는 형편이다.

현재의 정신 감정,
무엇이 문제인가

사법부에 속한 소년 감별소는 다음과 같은 곳이다. 일본 법무성 홈페이지에 따르면 "소년 감별소는 ① 가정 재판소의 요구에 따라 감별 대상자의 감별을 시행할 것, ② 감호 조치가 내려져 소년 감별소에 수용된 자 등에 대한 건전한 육성을 위해 지원을 포함한 감호 처우를 행할 것, ③ 지역 사회에 있어 비행 및 범죄 방지에 관한 원조를 행할 것을 업무로 하는 법무성 소관 시설"이라고 되어 있다.*

감별에 대해서는 "의학, 심리학, 교육학, 사회학 등의 전문적 지식과 기술에 근거하여 감별 대상자에 대해 그 비행 등에 영향을 미치는 자질 및 환경 문제가 되는 사정을 밝힌 후에 그 사정의 개선에 기여하기 위해 적절한 방침을 제시할 것"이라고 설명되어 있다.

소년 감별소에서 하고 있는 주된 일은 '비행 등에 영향을 주는 자질 및 환경 문제가 되는 사정을 밝히는 것'이다. 요약하자면 비행의 이유를 조사해 문제점을 분명하게 하는

● 한국은 법무부 장관 소속하에 설치된 소년 분류 심사원에 해당하는데, 소년 분류 심사원이 없는 지역은 소년원이 그 업무를 대신한다.

것이다. 또한 '그 사정의 개선에 기여하기 위해 적절한 방침을 제시한다'는 부분에서 볼 수 있듯이 실제로 소년들을 직접 지도하는 것이 아니라 어떻게 해야 하는지 방침을 제시하는 일에 초점이 맞춰져 있다.

아이가 소년원에 송치될 때는 당사자에 대한 감별 결과가 함께 통지된다. 감별 결과에는 거의 공통적으로 자존감이 낮다, 감정 조절이 서투르다, 인간관계가 원만하지 않다, 기초 학습 능력이 없다는 소견이 줄을 잇는다. 이런 소견과 더불어 성공 체험을 거듭하게 해 자신감을 심어준다, 사회적 기술 향상 프로그램 등을 통해 인간관계 능력을 향상시킨다, 기초 학습 능력을 키워준다와 같은 추상적 코멘트가 달리는 경향이 있다.

안타깝게도 실제로 어떻게 그런 능력을 개선할 수 있는지 구체적인 방법에 대한 힌트는 거의 없다. 실제로 소년원 교관들은 감별 소견을 주의 깊게 읽는 것 같지도 않았다. 아이들을 교육할 때 참고하기 어렵기 때문이다. 이런 경향은 범죄심리학 분야에서도 마찬가지로 '왜 했는가'에 대해서는 자세하게 설명하는 데 반해 '어떻게 이 소년들의 재범을 막을 것인가'라는 구체적 방안에 대해서는 거의 언급하지 않는다.

사법 영역과 관련된 의학 분야로 사법정신의학(Forensic Psychiatry)이라는 것이 있다. 법정신의학이라고도 한다. 범죄를 저지른 자의 정신 장애에 대해서 사법과 정신의학 양 방향에서 접근하는 것이다. 주로 사법정신감정, 심신상실자 등 의료 관찰법에 따른 감정, 교정 의료 같은 것이다. 정신 감정은 책임 능력을 포함한 정신 상태를 검증한다. 감정 대상자는 통합실조증*이라는 정신 장애나 지적 장애를 가진 가해자가 많은데, 최근에는 발달 장애가 있는 가해자의 정신 감정도 많이 행해지고 있다. 하지만 여기에서도 목적은 '왜 범죄를 저질렀는가'를 규명하는 것과 '어느 정도 책임을 질 수 있는가'의 감정이 주로 이루어지고 있다. '그렇다면 어떻게 해야 막을 수 있는가' 하는 실천적인 지원 방법은 거의 언급되지 않는다.

사법 분야의 목적이 애초에 비행의 원인과 비행을 저질렀을 때의 정신 상태 규명이라고 한다면 딱 그대로다. 어떤 심각한 소년 사건이 일어났을 때 세간이 주목하는 것은 '왜 그런 일이 벌어졌는가'라는 이유에 대한 부분이다. '어떻게 하면 막을 수 있는가' '같은 사건이 일어나지 않도록 하기

● 조현병의 일본 개칭명이다.

위해서는 어떤 지원을 해야 하는가' '똑같은 위험을 안고 있
는 아이는 없는가' 하는 관점에서는 언급되는 일이 거의 없
다. 사법 전문가나 의료 전문가라고 해도 '평론가'로 끝나버
리는 것이 현재의 상황이다.

문제 아이들 개개에 맞는
프로그램의 도입 필요

　소년 교정 시설뿐 아니라 학교 교육 현장에서도 성과 관
련된 문제 행동이 해결 과제로 떠오르고 있다. 의료 소년원
에 있는 발달 장애나 지적 장애의 성범죄 소년들이 같은 범
죄를 저지르지 않도록 방지하기 위한 교육이 그만큼 어렵
고 중요하다는 말일 것이다.
　성에 대한 욕구는 인간의 3대 욕구 중 하나다. 그만큼 쉽
지 않다. 성행위 그 자체는 생명 탄생을 위해 빼놓을 수가
없고, 지극히 사적인 부분이기도 하다. 각성제 사용이나 상
해, 살인 사건 등은 애초에 그런 행위 자체가 범죄에 해당
하지만 성행위 자체는 그렇지 않다. 강간 사건에서는 상대
의 동의 여부 같은 당사자 간의 관계성이 범죄 성립의 요건

이 되지만, 성행위 자체로는 범죄 행위가 되지 않는다. 이런 것을 성범죄를 저지른 아이에게 충분히 이해시키는 것은 매우 어려운 일이다.

인류가 멸망하지 않기 위해서라도 성적 욕구 자체는 문제되지 않는다. 절대로 하면 안 되는 범죄적 행위는 아니지만 '적절한 상대와 적절하게 이뤄져야 한다'는 것을 전달해야 한다. 하지만 이 '적절함'이 미묘해서 발달 장애나 지적 장애가 있는 아이들은 이해하기가 무척 어렵다. 의료 소년원이나 여성 소년원에 있는 아이들의 성적인 문제 행동 중에는 그 '적절함'을 이해하지 못하여 범죄 의도가 없었는데도 결과적으로 우범 행위나 범죄 행위가 된 사례도 많이 보인다.

현재 교정 시설에서 시행하는 성범죄자 치료 프로그램은 서양의 인지행동치료 등이 주류로 성에 대한 부적절한 사고 및 행동을 줄이고 적절한 사고 및 행동을 늘리는 것을 목적으로 한다. 하지만 성을 둘러싼 다양한 문제에 관해서는 '생각하게 하는 것'을 중심으로 하는 프로그램은 발달 장애나 지적 장애가 있는 아이들에게 적절하다고 할 수 없다. 애초에 '적절함'에 대한 생각의 수준이 다르기 때문이다.

일본의 교정 시설에서는 대체로 서양의 프로그램을 도입

하는 경향이 있다. 하지만 문화 차이가 있는 관계로 그대로 적용하기에는 위화감이 드는 부분이 많다.

오래전에 교정국이 작성한 성인을 대상으로 하는 성범죄자 처우 프로그램이 있었다. 대상자에 따라 고밀도(8개월), 중밀도(6개월), 저밀도(3개월) 세 가지 코스로 나누고 그룹 워크와 개별 워크로 구성되어 있었다. 효과도 검증되어 수강군은 비수강군에 비해 재범률이 낮다는 결과도 보고되었다.

서양의 다양한 인지행동치료 수단을 집약한 것으로 보이는 이 프로그램은 무척 잘 만들긴 했다. 지적 장애인을 대상으로 하는 프로그램도 준비되어 있었다. 하지만 발달 장애나 지적 장애가 있는 소년원의 성범죄 소년들에게는 역시 어렵고 위화감이 있어 적용하기가 힘들었기 때문에 나는 독자적으로 프로그램을 작성하여 실행했다(《성 문제 행동을 하는 아이들을 위한 워크북 : 발달 장애와 지적 장애가 있는 아동 및 청년의 이해와 지원性の問題行動をもつこどものためのワークブック―發達障害·知的障害のある兒童·青年の理解と支援》참조).

성범죄 예방 및 재발 방지 프로그램과 관련한 것 말고도 다음과 같은 일도 있었다. 내가 근무하던 소년원에서 교정국의 주도로 서양의 최신 치료법이 도입되어 시행되었다. 물론 효과가 있는 아이들도 있었지만, 반대로 정신 상태가 무너져 정신과 약을 증량해야 되는 아이들도 생겨났다. 하지만 교정국에서 시행하라는 지시가 있는 이상 성실한 교관들은 당사자들이 싫다고 호소해도 할 수밖에 없어 서로 불행한 사태가 벌어지고 있었다.

교정 시설에 한정되지 않고 서양의 새로운 심리 치료법을 들여와 적용해보려는 시도가 많이 보인다. 훌륭한 프로그램도 많지만, 우리의 문화나 가치관과는 맞지 않는 것도 분명히 있으니 잘 선별해야 하겠다.

7장

하루 5분으로 바뀔 수 있다

아이들의 변화 계기를
아는 것이 중요하다

범죄를 저지른 아이들은 통상 1년간 소년원에 수감된다. 막 들어왔을 때는 거의 대부분이 다음과 같은 행동 양상을 보이며 여러 가지 문제를 드러낸다. 태도가 건방지다, 묘하게 붙임성이 좋다, 묘하게 솔직하다, 비행을 다른 사람의 일인 것처럼 대답한다, 소년원 송치에 불복해 피해자에게 오히려 화를 낸다.

대체로 소년원 입소 후 8개월 정도부터 큰 변화를 보이는 소년들이 있다. 이들은 "소년 감별소나 소년원에 들어왔을 때는 반성하는 것처럼 보여주려고 했지만 지금은 다르다. 정말로 변할 수 있는 기회는 지금뿐이라고 생각했다"라고 말하며 범죄를 저지른 때의 자신이 얼마나 바보 같은 생각과 어리석은 짓을 했는지 객관적으로 분석하려고 한다. 물론 그것만으로 모든 문제가 해결되지는 않는다. 하지만 '이들이 변하고 싶다고 생각한 계기가 무엇일까?'를 아는 것에서 학교 교육을 위한 힌트를 얻을 수 있다.

변하고 싶다고 생각한 이들의 실제 목소리를 듣고 다음과 같이 정리해보았다. 여기서 '선생님'이란 소년들을 맡고 있는 법무교관을 가리킨다.

가족의 고마움, 괴로움을 알게 되었을 때

"누가 봐도 너무하다 싶을 정도의 못된 짓을 저질렀는데도 이런 나를 외면하지 않고 매달 면회를 와주는 가족, 몇백만에 달하는 피해 보상을 해줘야 하는데도 내게 싫은 소리 하지 않고 묵묵히 일해서 변상을 해주고 있는 부모님을 보고는 다시는 실망시키고 싶지 않다는 생각이 들었다."

피해자의 관점에서 생각할 수 있게 되었을 때

"피해자의 수기를 읽고 만약 내 가족이 피해자였다면 어땠을까 생각해보니 범인을 두들겨 패주고 싶었다. 도대체 내가 얼마나 무서운 일을 저질렀는지를 깨달았다."

장래 목표가 생겼을 때

"지금까지 아무것도 해내지 못했는데, 앞으로 하고 싶은 일을 찾았다. 자격증을 따서 목표를 이루기 위해 노력하려고 한다."

신뢰할 수 있는 사람을 만났을 때

"선생님은 엄격하시지만, 내 이야기를 들으시고 나서는 나에 대해 진지하게 생각하신 후에 지금 내게 필요한 조언을 해주신다."

다른 사람과 대화할 자신이 생겼을 때

"사회에 있을 때는 다른 사람과 이야기하는 것이 어려웠다. 그런데 여기에서는 꼭 부탁하거나 감사 인사를 하거나 사과를 해야 하기 때문에 말을 거는 것에 자신이 붙기 시작했다."

공부할 수 있게 되었을 때

"한자를 전혀 읽지 못했는데, 여기에서 한자 검정 급수가 올랐다. 신문을 읽을 수 있게 되었다. 좀 더 공부하고 싶다."

중요한 역할을 맡았을 때

"선생님이 항상 야단을 치셔서 나를 싫어하신다고 생각했다. 그런데 어려운 임무를 맡겨주시는 걸 보고 선생님이 나를 믿고 있다는 사실을 깨달았다. 선생님의 기대에 어긋나고 싶지 않다."

집중할 수 있게 되었을 때

"사회에 있을 때는 전혀 집중을 할 수 없어 공부할 마음이 생기지 않았다. 병이라는 말을 들었다. 하지만 여기에서는 집중할 수 있게 되어 공부가 즐거워졌다."

포기하지 않고 끝까지 해보겠다는 마음이 들었을 때

"항상 도중에 포기하고 마지막까지 해본 적이 없었는데, 선생님께 도중에 그만두면 안 된다는 말을 듣고 마지막까지 포기하지 않고 해보니 성공했다. 무척 자신감이 생겼다."

집단생활 속에서 자신의 모습을 깨달았을 때

"선생님께 주의받는 다른 아이를 보면서 나도 예전에는 저랬을 것이란 생각이 들었다. 왜 주의를 받았는지 깨달았다."

'나를 아는 것'과
'자기 평가 향상'의 효과

이런 아이들의 태도 변화는 크게 두 가지로부터 비롯되었다고 볼 수 있다. 하나는 '자기 자신을 알게 된 것'이고, 다른 하나는 '자기 평가가 향상된 것'이다.

자신의 부적절한 부분을 고치고 싶다는 생각은 '적절한 자기 평가'에서 시작된다. 행동이 변하려면 우선 나쁜 짓을 하는 현실의 나를 깨닫고 자신을 통찰하고 갈등을 느껴야 한다. 적절한 자기 평가를 할 수 있을 때 비로소 '나쁜 짓을 하는 나'를 깨닫고 '또 나쁜 짓을 저지르고 말았다. 나는 왜 이리 몹쓸 인간일까?' '계속 이래서는 안 된다. 좀 더 좋은 사람이 되고 싶다'와 같은 자기통찰과 자기반성을 할 수 있다. 그리고 이상과 현실 사이에서 흔들리면서 자신 안에 '올바른 규범'을 만들고, 그걸 참고해서 '이번에는 노력해야지' 하며 결심하고 노력할 때 비로소 이상적인 자신의 모습에 가까워진다. 그러기 위해서는 자신을 적절하게 평가할 수 있는 힘, 다시 말해 '나는 어떤 인간인가'를 이해할 수 있는 것이 대전제다.

소년원에서는 철저히 집단생활이 이루어진다. 교육 받을

때는 엄한 주의를 받는다. 이전까지 자기 마음대로 살아오면서 자신을 돌아보지 않고 어떤 일이든 남 탓을 해오던 이들이 지금까지 자신이 어떻게 살아왔는지, 얼마나 많은 사람에게 폐를 끼치며 살아왔는지, 얼마나 많은 사람의 도움을 받으며 살아왔는지를 돌아보게 된다.

심리학에 자기인식이론이란 것이 있다. 자신에게 주목해 자기통찰과 자기반성을 함으로써 자신의 사고와 감정, 동기를 자각하는 것이다. 자신에게 집중하면 자신의 상황에 대해 강한 관심이 생기게 된다. 그때 자기 규범에 맞춰 그 상황이 자기 규범에 적합하지 않으면 불쾌감이 생긴다. 그 불쾌감을 줄이고 싶은 생각이 행동을 변화시키는 동기가 된다.

예를 들어, 한 소년이 물건을 훔칠 생각을 했다. 그때 자신에게 관심을 돌릴 수 있으면 물건을 훔친다는 행위 자체에 대해서도 다시 생각해볼 수 있다. '물건을 훔치는 것은 나쁜 일'이라는 규범을 가지고 있다면 그런 자신을 불쾌하게 느끼고 행동을 멈출 수 있다.

자신에게 주목하는 방법으로는 다른 사람이 보고 있다고 의식한다, 나의 모습을 거울로 본다, 나의 목소리를 들어본다 하는 것들이 있다. 예전에 삿포로에서는 지하철 선로에 뛰어들어 자살하는 사람이 많았다. 이에 지하철 승강장에 거울을 설치했더니 자살 시도가 줄었다는 보도가 있었다. 사실 관계를 직접 확인해본 것은 아니지만 고개가 끄덕여지는 이야기였다. 거울로 자신의 모습을 보게 되면 자신에게 주목하게 되고, '자살은 좋지 않은 일'이라는 자기 규범이 떠올라 자살하는 사람이 줄었을 것으로 여겨진다.

자기인식이론에 따르면 학교에서 교사가 아이에게 '항상 지켜보고 있다'는 신호를 보내는 것만으로도 효과가 있다. 또한 아이들을 소수로 묶어 그룹 워크를 하게 하면 멤버들이 서로의 관찰자가 되기 때문에 뛰어난 효과를 거둘 수 있다고 한다. 학교에서 그룹 워크가 중요한 것도 이런 이유다. 이에 더해 평소에 어른들이 본보기가 되어 '올바른 규범'을 아이들에게 보여주는 것이 필요함은 말할 것도 없다.

자신의 모습에 주목할 때 변화하고자 하는 동기가 생긴다. 앞에서 본 대로 이전까지 사회에서 지낼 때는 계속 자신감을 잃었던 소년들이 이제 변하고 싶다고 생각한 데에는 공통적으로 다음의 두 가지가 작용했다. 집단생활을 하며 다양한 사람과의 관계 속에서 '자신에 대해 깨닫게 된 것'과 다양한 교육을 받고 체험을 하면서 '자기 평가가 향상된 것'. 특히 자신에 대해 깨닫는 것은 억지로 시킨다고 되는 것이 아니다. 스스로 '깨달음의 스위치'를 눌러야 한다. 그렇기에 우리는 아이들에게 조금이라도 더 많은 깨달음의 가능성이 있는 자리를 제공해 스위치를 켜는 기회를 만날 수 있도록 도와주어야 한다.

학교 교육 현장에서도 마찬가지다. 교정 교육에 오랫동안 종사했던 분이 이런 말씀을 하셨다.

"아이 마음에 문이 있다면, 그 문은 안쪽에서만 열 수 있다."

이 말을 들었을 때 이보다 더 적절한 표현은 없다고 생각했다. 아이가 마음의 문을 열기 위해서는 스스로 깨닫는 체험이 가장 중요하다. 어른의 역할은 설교나 질책으로 문을 강제로 열게 하는 것이 아니라 아이에게 가능한 많은 깨달음의 자리를 제공하는 것이다.

아이가 어른과 일대일로 마주하여 얻을 수 있는 깨달음보다도 또래 친구들의 말을 듣고 얻을 수 있는 깨달음이 더 클 때도 있다. 그러니 다양한 그룹 활동도 빠트릴 수 없다.

'저도 할 수 있어요'에서
시작되는 변화

소년원에는 자기 평가가 낮은 아이들이 매우 많다. 이들은 매사 부정적이고 "어차피 해도 소용없는걸"이라며 처음부터 아무것도 안 하려고 든다. 학교에서 몇 번이고 좌절을 맛보면서 의욕을 완전히 잃어버렸기 때문이다. 내가 소년원에서 각종 트레이닝을 시작했을 때도 의욕이 전혀 없는 아이가 몇 명인가 있었다. 공부도 못하고 인지 기능도 약한 편이었기 때문에 이들을 인지 기능 향상을 위한 트레이닝 그룹에 참여시켜보기로 했다.

처음에는 내가 앞에 나와서 아이들을 가르쳤지만, 이 방법은 좀처럼 통하지 않았다. 한 소년은 보란 듯이 옆으로 돌아앉아 바깥 풍경을 계속 바라보며 나를 무시했다. 그 소년을 지목해 문제에 답하도록 하자 그는 옅은 미소를 지으며 "죄송합니다. 바깥 풍경을 보느라 듣지 못했어요"라고 당당하게 말했다. 그 외에도 "이런 건 해봐야 소용없어. 의미 없다니까. 그만하고 싶다"라며 전부 다 들리도록 몇 번이고 중얼거리며 트레이닝을 방해하는 아이도 있었다.

똑똑해질 수 있는 트레이닝이라고 하면 분명 소년들도 적

극적으로 임해주리라 생각했다. 하지만 내 예상은 완전히 빗나갔다. 개중에는 진지하게 임하는 아이도 있었지만, 방해하는 사람이 있으면 거기에 휩쓸려 전체 분위기가 엉망이 되었다. 그래도 나는 트레이닝을 계속했다. 그렇지만 성실하게 임하던 아이들도 차츰 "이런 걸 하는 게 의미가 있나요?"라고 묻기 시작했다.

원래부터 공부하기를 싫어하고 학교에서 수업을 성실하게 들어본 적 없는 아이들이라서 나도 소용없나 보다 하는 생각이 들었다. 나는 점점 가르치기가 싫어져 될 대로 되라는 마음마저 일었다. 마침내는 가르치거나 문제 내는 것을 그만두고 불만을 표하는 아이들에게 "그러면 너희가 대신해봐"라며 아이들을 앞에 나오도록 하고 내가 아이들 쪽 자리에 가 앉았다. 내가 얼마나 고생하고 있는지 아이들이 직접 겪어보게 하려는 심산이었다.

그런데 그때 놀라운 일이 일어났다. 나를 무시하던 아이들이 "저도 시켜주세요" "제가 가르칠게요"라며 앞을 다투며 튀어나온 것이다. 그러고는 무척 즐거운 듯 모두에게 문제를 내고 득의양양한 모습으로 답을 알려주기 시작했다. 앞에 나오지 않은 다른 아이들도 필사적이었다. 같은 입장에 처해 있는 아이가 낸 문제에 답을 못하면 부끄럽기도 하고, 자신이 앞에 나갔을 때 무시당하기 싫은 마음이 생겼기 때문이라고 생각했다. 그렇게 모두가 진지하게 트레이닝에 참여했고, 표정에도 생기가 넘치기 시작했다.

이후로는 모두가 이 시간을 기대하게 되었다. "벌써 끝났어요? 좀 더 해요" "다음 시간은 언제예요?"라고 말하는 등 분위기가 완전히 변했다.

모두 능력이 쑥쑥 향상되었다. 나는 아이들을 '가르친다'는 관점으로 대해서는 안 된다는 사실을 깨달았다. 지금까지 셀 수 없을 만큼 "이런 것도 몰라?"라는 말을 들으며 바보 취급을 받아온 아이들에게도 '다른 사람을 가르쳐보고 싶다' '다른 사람에게 도움이 되고 싶다' '다른 사람에게 인정받고 싶다'는 열망이 있다는 것을 알게 되었다.

이러한 열망이 현실이 되었을 때 자기 평가가 향상된다. 학교에도 '어차피 해봐도 안 될 거야'라고 생각하는 의욕 없는 아이가 있을 것이다. 하지만 그런 아이들도 반 친구들에게 문제를 내는 역할이나 답을 가르쳐주는 역할을 해보고 싶다는 마음이 있을지 모른다. 그대로 도입하기에는 어렵다고 여길지 모르겠지만, 다른 사람에게 도움을 줄 수 있으면 자기 평가가 향상되어 차츰 공부에 대한 의욕이 생길 가능성은 분명 있다.

아이들에게 필요한
세 가지 지원

그렇다면 곤란을 겪고 있는 아이들을 구체적으로 지원할 수 있는 방법으로는 뭐가 있을까. 이에 대해 말하려고 한다.

아이에 대한 지원으로는 학습적인 면, 신체적인 면, 사회적인 면의 세 가지 지원이 필요하다. 가족에 대한 지원과는 별개로 아이에 대한 직접적인 지원은 전부 이 세 가지로 이루어진다. 앞에서도 말했지만 현재 학교 교육은 국어나 수학 같은 교과목을 중심으로 이루어지고 있다. 하지만 나는 사회성을 기르는 것이야말로 교육의 최종 목표 중 하나라고 생각한다.

공부를 잘한다고 사회성에 문제가 있는 아이를 그대로 방치하면 사세보 고교생이 저지른 동급생 살인 사건*이나 나고야 대학생이 저지른 지인 살해 사건* 같은 것으로 이어질 수도 있다. IQ가 높고 공부를 잘하더라도 '이런 일을 하면 어떤 결과가 나올까?'라는 걸 예상하지 못하는 아이들

- 나가사키 사세보에서 일어난 사건으로 공부도 잘하고 예체능에도 뛰어난 모범생이 범인이었다.
- 77세 할머니를 같은 아파트에서 살던 여대생이 살해한 사건으로 범인은 우수한 학생이었고 살인 대상을 고르기 위해 인간관계를 맺었다고 한다.

이 있다. 계획을 세워 실행하고 문제가 있으면 피드백을 해 수정하는 실행 능력이 낮으면 잘못된 선택을 내리기 쉽다.

감정 조절력이 약해도 정상적인 판단을 하지 못하게 된다. 어른도 감정이 욱할 때는 잘못된 판단을 내릴 때가 있다. 공부뿐 아니라 문제 해결에 있어서도 감정 조절이라는 사회적인 면의 능력이 매우 중요하다. 하지만 안타깝게도 현재의 학교 교육에는 사회적인 면을 체계적으로 가르치는 제도가 없다.

물론 공부를 잘하는 것 또한 중요하다. 공부를 못한다는 이유로 좌절하고 나쁜 짓을 저지르는 사례도 있기 때문이다. 공부를 잘하기 위해서는 우선 학습의 토대가 되는 보는 힘, 듣는 힘, 상상하는 힘을 길러야 한다.

나아가 신체적인 면에 대한 지원도 빠트릴 수 없다. 신체 운동 기능이 떨어지는 것은 주변에서 쉽게 알아볼 수 있기 때문에 아이가 자신감을 잃거나 따돌림을 당하는 계기가 될 수 있기 때문이다. 따라서 신체적인 면, 학습적인 면, 사회적인 면 세 가지 방향에서 아이에 대한 이해와 지원이 필요하다.

인지 기능에 중점을 둔
새로운 치료 교육

인지 기능이 얼마나 중요한지는 3장에서 설명했다. 인지 기능이 떨어지면 학습에 대한 좌절로 이어질 수 있기 때문에 지금부터는 학습적인 면에 대한 지원으로 인지 기능 향상을 위한 치료 교육에 대해 말해보고자 한다.

최근 들어 학교 교육에서도 인지 기능 면에 대한 개입의 필요성을 인식하기 시작했다. 인지 기능 면에서 주의를 기울여야 할 아이에게 WISC 등의 인지 검사를 시행하고 그 결과가 담임교사에게 전달되도록 하고 있다. 나도 한 시에서 운영하는 발달 지원 센터에서 아이의 발달 상담을 하고 있는데, 사전에 WISC 데이터를 심리사에게 받아둔다.

그곳에 한 어머니가 다음과 같은 문제를 가진 초등학교 3학년 남자아이를 데리고 상담하러 찾아왔다.

상담 내용

- 한자를 잘 못 외우고 계산이 서투르다, 외우더라도 금세 잊어버린다
- 받아올림, 받아내림이 있는 계산을 잘 못한다

- 칠판의 필기를 공책에 옮겨 적지 못한다
- 글자를 의미로 묶어서 읽지 못한다

WISC 검사 결과 IQ에는 특별히 문제가 없었다. 다만 네 가지 하위 검사(언어 이해, 지각 추론, 작업 기억, 처리 속도) 중 작업 기억 점수만 70대로 낮았다. 작업 기억이란 앞에서도 말했듯이 정보를 일시적으로 저장하는 뇌의 기능으로 '뇌의 메모장'이라고도 할 수 있다. 위의 상담 내용은 작업 기억이 낮은 것에 원인이 있을 것으로 생각되었다.

그런데 WISC 검사로 이런 진단을 받고, 교사에게 '작업 기억이 약한 것이 원인이다'라고 알려봤자 학교에서 과연 무엇을 할 수 있을까?

작업 기억이 약하다고 해도 위의 상담 내용과 어떤 관련이 있는지 이해하기가 어렵다. 또한 어떻게 작업 기억을 포함한 인지 기능을 향상시킬 수 있을지 학교 교육 현장에서는 구체적인 방법도 모를뿐더러 따로 시간을 내기도 무척 힘들다.

인지 기능을 향상시키는
코그니션 트레이닝

이제 인지 기능 향상 효과가 있는, 인지 기능 강화 프로그램인 '코그니션 트레이닝(Cognition Training, COG-TR)'에 대해서 소개하겠다. 이 트레이닝은 의료 소년원에서 약 5년에 걸쳐 개발한 것으로 일정한 효과를 이미 얻었다.

코그니션 트레이닝은 인지 기능을 구성하는 다섯 가지 요소(기억, 지각, 주의력, 언어 이해, 판단 및 추론)에 대응하는 '묘사하기, 기억하기, 찾아내기, 상상하기, 숫자 세기'라는 다섯 가지 트레이닝으로 되어 있다. 교재는 워크시트를 이용한다. 종이와 연필만 있으면 쉽게 할 수 있는 트레이닝이다. 트레이닝의 대표적 작업과 대략적 개요는 다음과 같다(자세한 내용은《코그니션 트레이닝 : 보고 듣고 상상하기 위한 인지 기능 강화 트레이닝コグトレ―みる・きく・想像するための認知機能強化トレーニング》참조).

묘사하기 : 점 잇기

점점이 이어진 견본의 도형을 보고 아래 칸에 똑같이 따라 그린다. 기초적인 시각 인지력을 다질 수 있다. 견본의 별자리를 따라 그리는 것도 있다. 그 외 따라 그릴 때 별자리가 다른 방향으로 회전된 '빙글빙글 별자리'나 견본의 도형이 거울이나 수면에 비치면 어떻게 보일지 상상하면서 그리는 '거울에 비친 모습' 등이 있다.

기억하기 : 첫 단어와 박수

출제자가 문장 세 개를 읽어주고, 트레이닝 대상자는 제일 처음 단어를 기억해둔다. 출제자가 문장을 읽는 도중 동물 이름이 나오면 트레이닝 대상자는 손뼉을 친다. 마지막에 기억해둔 단어 세 개를 답해서 맞춘다.

> **예시** **원숭이** 집에는 커다란 항아리가 있었습니다.
> **부리나케** 고양이가 그 항아리 안으로 들어가려고 했습니다.
> **항아리**를 깨뜨리려고 강아지가 발로 찼습니다.
> (밑줄 친 원숭이, 고양이, 강아지가 나왔을 때 손뼉을 친다.)
> (외울 단어 : 원숭이, 부리나케, 항아리)

수업 중에 선생님이 말을 하는데 누가 장난을 친다. 그러면 그쪽에 신경이 쏠려 선생님의 말을 놓치게 된다. 위와 같은 트레이닝을 하면 선생님의 이야기를 확실하게 듣는 힘이 생긴다. 한 중학교에서 '첫 단어와 박수' 트레이닝과 정규 시험에서의 국어 및 수학 점수를 확인해보았더니, 그 결과 상당히 높은 연관성이 있음이 밝혀졌다. 즉 시험 점수가 높은 아이는 '첫 단어와 박수'를 잘하고, 시험 점수가 별로 좋지 않은 아이는 '첫 단어와 박수'를 잘하지 못했다. 이러한 결과는 학습 지원을 하는 데 큰 실마리를 준다.

이외에도 '끝 단어와 박수'나 '무엇이 제일?' 같은 문제도 있다. '끝 단어와 박수'는 '첫 단어와 박수'와 비슷한데 대신 마지막 단어를 외우는 것이다. 위의 예시처럼 3~5개 단어로 된 문장을 세 가지 정도 준비한다. 이번에는 읽어주는 문장의 마지막 단어만 외우게 한 다음, 마찬가지로 동물 이름이 나오면 손뼉을 치게 하는 것이다. '무엇이 제일?'은 크다·작다, 무겁다·가볍다, 멀다·가깝다 등 비교가 들어간 단어를 읽어주고 무엇이 제일인가를 맞추는 것이다. 이 문제들은 청각 작업 기억을 트레이닝하는 것이다.

시각 작업 기억을 트레이닝하기 위한 'ㅇ는 어디 있지?'와 같은 문제도 있다. 가로세로로 된 4×4칸에 ㅇ가 2~3개 배치된 세 장의 종이를 차례차례 제시하고, 제시한 순서대로 각자의 답안 용지에 ㅇ위치를 표시하는 것이다.

찾아내기 : 같은 그림 찾기

여러 장의 그림 중 같은 그림을 두 장 찾아내는 것이다. 이외에도 수많은 점 중에 정삼각형으로 배치된 점을 찾는 '모양 찾기', 어떤 도형의 윤곽을 파악하는 '그림자 도형' 등이 있다.

상상하기 : 마음속 회전

도형을 정면에서 봤을 경우와 오른쪽, 왼쪽, 반대쪽에서 보면 각각 어떻게 보일지 상상하는 것이다. 상대의 입장에 서서 보는 연습이기도 하고, 상대의 마음을 생각해보는 힘을 기를 수도 있다. 이외에도 도장에 새긴 그림을 종이에 찍어내면 어떻게 될지 상상해보는 '도장 찍기', 뒤섞인 여러 장의 그림을 이야기의 흐름을 따라 순서를 바꾸는 '이야기 만들기' 등이 있다.

잘못된 행동을 제어하도록 돕는 기호 찾기

잘못된 행동을 제어할 수 있도록 돕는 트레이닝도 있다.

숫자 세기 : 기호 찾기

예를 들어, 여러 가지 과일 모양을 한 줄로 늘어놓은 그림 시트지가 여러 줄 있다. 이 중에서 사과가 몇 개인지 세면서 가능한 빠른 속도로 사과에 ✓표시를 한다. 단 특정 과일 한 가지를 멈춤 기호로 정해두고, 사과 왼쪽에 그 과일이 있을 때는 개수를 세지도 않고, ✓표시도 하지 않는다.

이 트레이닝은 행동 제어를 할 수 있도록 돕는다. 2장에서 말한 잘못된 행동을 끊어내는 것이 약한 아이들에게 새로운 브레이크를 달아주는 것이다. 멈춤 기호를 다양하게 조합하면 난이도를 조정할 수 있다. 맨 처음에는 5분이 걸려도 문제를 풀지 못했던 아이라 할지라도 일주일에 1~10회 정도 반복하면 20초 만에 문제를 풀 수 있다. 확실하게 브레이크를 걸 수 있는 것이다.

2장에서 말한 사람을 죽여보고 싶었다던 소년에게도 이 트레이닝을 시켜보았다. 이전까지 소년원에서 시간을 들여 피해자의 기분, 생명의 소중함, 또 같은 일을 저질렀을 때의 결과 등을 교육해도 사람을 죽여보고 싶다던 그의 마음은 쉽사리 사라지지 않았다. 그런 상황에서 이 '기호 찾기' 트레이닝을 매일같이 시켰다. 죽이고 싶다는 기분을 강제로 없애려는 것뿐 아니라 '죽이고 싶다는 생각이 들 때 브레이크를 거는 법'을 지도한 것이다. 죽이고 싶은 충동을 제어하는 훈련을 시키기 위해서는 다른 방법이 없었다. 물론 이 '기호 찾기' 트레이닝만으로 해결되는 문제는 아니지만, 기존의 교정 교육뿐 아니라 이런 인지 트레이닝도 병행하는 것이 필요하다.

아이들의 마음에
상처를 주지 않는 트레이닝

사람들을 종종 코그니션 트레이닝을 알츠하이머 예방을 위한 뇌 트레이닝과 혼동한다. 하지만 아이에게 한자나 계산 연습이 뇌 트레이닝이 아닌 학습인 것처럼 코그니션 트레이닝도 학습의 일부다. 한자를 외우기 위해서는 형태를 인식하는 힘이 필요하고, 계산을 하기 위해서는 숫자를 기호가 아닌 양으로 보는 힘이 필요하다. 이런 힘이 없으면 아무것도 할 수 없다. 코그니션 트레이닝은 이런 학습의 토대가 되는 힘을 키워주는 것이다. 다시 말해, 국어나 수학 등 학습을 위해 필요한 인지 기능을 트레이닝하는 것이다.

한자 읽는 것이나 계산을 잘하지 못하면 아이들은 '공부 자체를 못한다'고 생각해 상처를 받는다. 하지만 코그니션 트레이닝은 틀린 그림 찾기처럼 퍼즐이나 게임을 하는 것 같기 때문에 직접적으로는 공부한다는 느낌이 들지 않는다. 대부분의 아이들이 즐겁게 문제를 푼다. 코그니션 트레이닝의 문제를 풀지 못해서 상처받았다는 말은 지금껏 들어본 적이 거의 없다.

만약 문제를 풀지 못해서 싫어하게 된 아이가 있다면, 그것은 난이도 조절에 문제가 있었다고 생각되므로 쉬운 문제부터 풀게 하면 된다. 코그니션 트레이닝은 학습의 토대가 되는 인지 기능을 공부한다는 느낌 없이 게임하는 식으로 향상시켜, 모르는 사이에 학습의 토대를 다지고 성적 향상으로 이어진다.

하루 5분이면 충분하다

현재 일본의 학교 커리큘럼은 학습 지도 요령에 따라 엄격하게 관리되고 있어서 교원이 독자적으로 일정 시간을 사용하여 어떤 체계적인 트레이닝을 하기 힘들다.

문제는 학교 교육에서는 대개 인지 기능이 취약한 아동에게 아무런 대응을 하지 않고 있다는 사실이다. 이것이 현재의 상황이다. 현장의 교사들로부터 아이들에게 코그니션 트레이닝을 시켜보고 싶지만 어떻게 학교 일과에 넣을 수 있을지 모르겠다는 질문을 자주 받는다. 아무리 좋은 방법이 있다고 해도 정규 수업을 빼먹을 수는 없기 때문이다.

그렇다면 조회나 종례 시간 5분을 활용하면 된다. 5분만 있으면 '첫 단어와 박수'를 다섯 문제씩 할 수 있다. 주 4회, 1년이면 32회(일본의 정규 학사 일정은 1·2학기 각각 12주씩에 3학기는 8주이니)이니 128번이나 할 수 있다. 시간으로는 640분, 약 10시간 정도다.

다양한 무료 교재를 활용하라

아이들을 가르치려면 별도의 교재가 필요하고, 그러면 아무래도 비용이 들 것이라고 많이들 생각한다. 하지만 코그니션 트레이닝은 쓰레기만 될 것 같은 빈 페트병이나 신문, 면봉 등도 교재로 사용할 수 있다.

다음의 그림 7-1은 코그니션 트레이닝 중에서 사회적인 면의 트레이닝을 할 수 있는 '감정의 페트병'이다. 이것은 감정 표출과 관련해 '왜 감정을 표현할 필요가 있는가'를 설명하는 교재로 쓰인다.

기분을 표현한 다양한 단어를 붙인 500밀리리터짜리 페트병이 여섯 개 있다. 이 중 다섯 개 병에 물을 넣는다. '기쁨'은 물을 넣지 않고 비워둔다. 그리고 따로 2리터짜리 크기의 병을 준비해 '화'를 붙인다. '화'가 가장 성가시고 많은 문제의 원인이 되기 때문이다. 다음으로 커다란 봉투를 준비해 이 페트병을 모두 넣고 아이들에게 들어보게 한다. 무척 무거워서 들기 힘들어할 것이다. 이런 식으로 '기분을 밖으로 표현하지 않고 담아두기만 하면 이렇게 힘들다' 하는 것을 몸소 느끼게 하는 것이다.

이제 페트병을 하나씩 봉투에서 꺼낸다. 그러면 조금씩 가벼워져서 몸이 편해진다. '기분을 밖으로 표현하면 편해진다'는 것을 깨닫게 하여 감정 표현이 중요하다는 것을 체감하게 하는 것이다. 그중에서도 '화' 페트병을 꺼내는 것이 제일 편안해진다. '화'를 끌어안고 있는 것이 가장 힘들기 때문이다.

그림 7-1 감정의 페트병

출처 : 《1일 5분! 교실에서 할 수 있는 코그니션 트레이닝(1日5分! 教室で使えるコグトレ)》

하지만 '화'를 꺼내면서 그 병을 다른 사람에게 던지면 어떻게 될까? 사람이 다쳐서 죄가 될 수도 있다. 따라서 '화'를 표출할 때는 선생님이나 부모님에게 조심스럽게 건네야 할 필요가 있음을 알려줘야 한다. 그러면 감정 표현을 할 때 그러한 방법도 중요함을 이해할 수 있다. 페트병은 쉽게 구할 수 있으니 재료를 준비하는 비용이 거의 들지 않는다.

그림 7-2는 신체적인 면의 기능을 높이기 위해 사용하는 '코그니션 트레이닝 막대'라는 것이다. 신문지 10장을 사용해 막대를 만들어 양쪽 끝과 한가운데에 색깔 테이프를 붙인 것으로 다양한 신체 운동에 활용할 수 있다.

그림 7-3은 '면봉 쌓기'로 면봉을 이용하여 손가락의 섬세한 근육을 발달시키는 것이다. 두 사람이 한 팀이 되어 제한 시간 90초 안에 가능한 높이 우물 정(井)자 형태의 면봉 탑을 만든다. 90초 안에 가장 높이 쌓은 팀이 승리하는 것이다. 지나치게 높이 쌓으면 탑이 무너진다. 시간을 의식하면서 다른 팀이 쌓아 올리는 모습을 보기도 해야 탑이 무너지지 않게 제어할 수 있다(보다 자세한 신체적인 면의 트레이닝에 대해서는《서툰 아이들을 위한 인지 작업 트레이닝不器用な子どもたちへの認知作業トレーニング》참조).

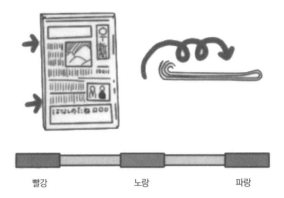

빨강　　　　　　　노랑　　　　　　　파랑

그림 7-2 코그니션 트레이닝 막대

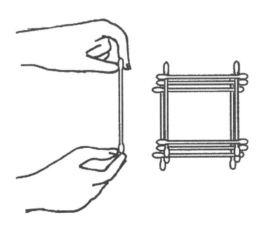

그림 7-3 면봉 쌓기

출처 : 《1일 5분! 교실에서 할 수 있는 코그니션 트레이닝》

뇌 기능에 문제가 생기면
벌어지는 일들

코그니션 트레이닝 같은 인지 기능 트레이닝은 범죄를
줄이는 데도 도움이 된다. 흉악 범죄 중에는 생활환경이나
성격 문제 외에도 뇌 기능 장애와 연관된 사건도 있기 때문
이다.

2001년, 오사카 교육대학 부속 이케다 초등학교에서 무
차별 살상 사건을 일으켜 사형을 선고받은 다쿠마 마모루
(宅間守)가 정신 감정을 받았다. 뇌 자기공명영상법(MRI,
Magnetic Resonance Imaging)에서 중뇌* 왼쪽 외측부에 5×10
밀리리터 크기의 성상세포종*이 발견되었고, 위스콘신 카드
분류 검사*와 뇌혈류 컴퓨터단층촬영(Single Photon Emission
Computed Tomography)에서는 전두엽 기능 저하가 지적되었
다. 전두엽의 실행 기능 중 '변화하는 환경하에서 인지적
전략을 변화시키는 능력'에 장애가 있을 가능성도 제기되었
다. 관련 기록에 "전두엽에 어떤 장애가 있을 가능성을 암

- 뇌의 가운데 부위로 중요 신경이 지나간다.
- 뇌종양으로 뇌의 성상세포에 발생한다.
- Wisconsin Card Sorting Test. 뇌의 앞쪽인 전두엽의 기능을 평가하는 검사로
  4장의 자극 카드와 128장의 반응 카드가 검사 도구다.

시하는 소견이 있다. 인격과 정신 증상*과의 연관성에 대해 앞으로 정신의학적 연구에 기대하고 싶다"고 적혀 있었다.

1966년, 미국 텍사스 대학에서 엄청난 일이 벌어졌다. 총기 난사 사건으로 17명이 죽고 32명이 다친 것이다. 용의자는 당시 스물다섯 살이었던 찰스 휘트먼(Charles Whitman)이었다. 그는 사건을 벌이기 전날 편지를 썼다. 거기에는 공포와 폭력적 충동에 시달리며 심한 두통을 앓았던 것과 자신이 죽고 나면 시신을 해부해서 어떤 신체적 질환이 있었는지 조사해달라는 내용이 적혀 있었다. 그의 시신을 부검한 결과, 뇌의 심부에 호두알 크기의 악성 종양이 발견되었다. 이에 폭력적 충동을 억제하는 능력이 저하되었을 가능성이 제기되었다. 현재도 논의되고 있지만, 뇌종양이 폭력적 충동 행위를 일으킬 가능성이 있음을 보여주는 사건이다. 사형수 다쿠마 마모루가 뇌종양 진단을 받은 것도 단순한 우연일까?

뇌 기능, 특히 전두엽의 기능 저하와 반사회적 행동의 연관성을 알아볼 수 있는 유명한 일화가 있다. 피니어스 게이지(Phineas Gage) 사례다. 1800년대 미국의 철도 공사 현장 감독으로 일하던 스물다섯 살의 피니어스 게이지는 유능하

● Psychiatric Symptom. 정신 면에 나타나는 병적 증상을 말한다.

고 인망 있는 사람으로 평가받고 있었다. 그런데 1848년 9월
의 어느 날, 불의의 화약 폭발 사고로 쇠막대가 왼쪽 눈 밑
에서 정수리(전두엽)를 관통하는 사고를 당하고 말았다. 왼쪽
눈은 손상되었지만, 다행히 부상은 빠르게 회복되어 다시 일
상생활로 돌아올 수 있었다. 그는 이후로 12년을 더 살았다.

하지만 게이지의 인격은 완전히 변했다. 제멋대로고 예의
를 모르며 때때로 모욕적인 말을 하기도 했다. 동료에게 경
의를 표하는 일도 거의 없었다고 한다. 게다가 욕망을 억제
하지 못하고 집요할 정도로 완고하며 장래 계획을 세우지
도 못했다. 친구나 주변 사람들은 그런 그를 보고 "게이지
는 더 이상 예전의 그가 아니다"라고 말했다. 그가 죽은 후
그의 두개골과 쇠막대는 미국 보스톤에 있는 하버드 대학
의 워렌 해부학 박물관에 안치되었다.

100여 년이 지나고 1994년 신경학자 안토니오 다마지오
(Antonio Damasio)가 보관되어 있는 게이지의 두개골과 표준
적인 사람의 뇌 MRI 영상을 비교해본 결과, 좌우의 전전두
엽*이 손상되었고, 그로 인해 합리적 의사결정이나 감정 장
애를 일으켰을 가능성이 있다고 보고했다.

● 전두엽 앞쪽 부분으로 사회적 행동과 공격성 제어를 담당한다.

약 150명의 살인범을 면담한 미국의 조지타운 대학 의학과 교수 조나단 핀커스(Jonathan Pincus)는 그의 저서《기본 본능 : 무엇이 살인자로 하여금 살인하게 만드는가(Base Instincts : What Makes Killers Kill?)》에서 살인범의 신경학적 손상이 의심되는 구체적인 사례를 다수 제시한다. 핀커스는 살인범을 검사한 결과, 대다수가 전두엽에 신경학적 손상이 의심되는 흔적이 있었다고 밝혔다. 또한 뇌 기능 장애(특히 전두엽)만으로는 범죄로 이어지지 않겠지만, 뇌의 '신경학적 손상' '학대 피해' '정신 질환' 이 세 가지 요소를 모두 갖췄을 경우는 범죄로 이어질 위험이 높다고 경고했다.

미국 펜실베이니아 대학의 에이드리언 레인(Adrian Raine) 교수 연구진은 살인자의 뇌 양전자단층촬영(Positron Emission Tomography)을 통해 뇌 혈류량을 검사한 결과, 살인자의 전두엽 기능(특히 전전두엽과 근접한 상두정 소엽*, 좌연상회*, 뇌량*)이 저하되어 있다는 것을 발견했다. 또한 편도체*,

---

- 뇌 뒤쪽에 있는 두정엽(마루엽)의 위쪽 2분의 1에 해당하는 부분으로 전두엽과 맞닿아 있다.
- 연상회라고도 한다. 두정엽의 아랫부분 왼쪽에 위치하며 시각 및 감각 정보를 담당한다.
- 좌뇌와 우뇌를 연결하는 신경 섬유 다발을 말한다.
- 뇌 아래쪽에 자리한 측두엽 내측에 있는 신경핵의 집합체로 변연계에 속한다.

시상*, 내측 측두엽에서 좌반구의 기능 저하가 있었다고 보고했다. 미국에서는 이러한 뇌 기능의 이상 소견이 책임 능력 감면의 근거가 되기도 한다.

일본에서는 의학박사 후쿠시마 아키라(福島章)가 살인범 48명의 뇌 MRI와 뇌 컴퓨터단층촬영(CT, Computed Tomography) 등의 영상 진단을 한 결과, 절반인 24명이 뇌에 질적 이상이나 양적 이상 등이 보인다고 소견을 밝혔다. 이 중 두 명 이상 살인한 범인의 경우 62퍼센트가 뇌에 이상이 보인다는 소견도 덧붙였다.

내가 지금까지 살인 사건과 강도상해·치사죄를 저지른 사람을 대상으로 사법정신감정을 시행한 결과, 뇌 CT 검사에서 확실한 전두측두엽*의 위축과 뇌파 검사에서 전두엽의 이상파가 확인된 사례도 한 건 있었다. 이 사례에 속하는 범인은 지적 기능 저하, 보속증(정신 증상의 하나로 어떤 충동이 오래 이어지며 직전에 한 말이나 동작을 계속 반복한다─옮긴이), 탈억제(충동이나 감정을 억제하지 못하는 상태─옮긴이) 같은 뇌 기능 장애가 보여서 형사책임을 묻지 않고 심신상실자 등 의료 관찰법에 따른 처우를 받았다.

● 대뇌와 소뇌 사이에 존재하는 사이뇌의 대부분을 차지하는 회백질 덩어리다.
● 전두엽과 측두엽을 말한다.

하지만 일본에서는 아직 재판에서 뇌 기능 장애가 초점이 되는 사례는 적은 편이다. 당연한 이야기지만, 아무리 범인이 뇌 기능에 이상이 있다고 해도 심각하고 중요한 사건에 대해서는 진지하고 신중한 논의가 필요하다. 다만 이런 뇌 기능 장애에 대응할 수 있는 인지 기능 트레이닝은 교정 현장에서 분명 필요하다. 재범률을 낮추는 데에도 큰 도움이 될 수 있다.

성 관련 문제 행동과
인지 기능

성범죄자의 뇌 기능과 인지 기능에 대한 관련 보고도 몇 건 있다. 하지만 견해는 제각각이다. 예를 들어, 성인 성적 일탈자의 경우 좌전두측두엽 기능 저하, 언어 능력 및 실행 기능 저하가 지적되기도 하지만 연령, IQ, 교육 기간에 따라 살인자, 성범죄자, 방화범 등 범죄 유형별로 유의미한 차이는 보이지 않았다는 보고도 있다.

소년 성범죄자의 인지 기능에 대해서도 마찬가지다. 성과 관련된 문제 행동을 일으킨 소년이 다른 문제 행동을 일으킨 소년에 비해 작업 기억, 주의력 유지 및 억제 등의 기초 실행 기능, 언어 구사 능력이 유의미하게 낮았다는 보고가 있지만, 대체로 차이가 없다는 보고도 있다. 또한 신경심리 검사 중 주의 집중력을 측정하는 트레일 메이킹 테스트 파트 B*에서 성 관련 문제 소년이 그 외 비행 소년에 비해 점수가 낮았다는 보고도 있는 반면, 양쪽의 IQ나 신경심리적인 차이는 보이지 않는다는 보고도 몇 건 있다.

여기서 우리가 실행한 연구의 한 가설을 소개한다. 우리는 과거 연구가 대상자의 평균 지능(IQ)이 비교적 높거나 혹은 높은 IQ와 낮은 IQ가 혼재되어 IQ 변수에 대한 통제가 불충분했기 때문에 제각각 다른 견해가 나온 것이 아닐까 생각했다. 이 가정을 확인하기 위해 지적 장애가 있는 성 문제 소년과 지적 장애가 있는 성 외 비행 소년, 지적 장애가 아닌 성 문제 소년과 지적 장애가 아닌 성 외 비행 소년 네 그룹으로 나누고 일본판 BADS 등을 이용해 검사를 실행하고 각 그룹의 차이에 대해 조사했다. 그 결과, 지적 장애가 있는 성 문제 소년 그룹은 주의의 전환, 처리 속도, 작업 기억, 미래 계획 기억(Prospective Memory)에 있어 지적

● Trail Making Test B. 숫자와 문자를 번갈아가며 순서대로 연결하는 과제로 미로 찾기 게임과 유사하다.

장애가 아닌 성 문제 비행 소년 그룹보다도 유의미하게 점수가 낮았다. 반면 지적 장애가 아닌 성 관련 및 그 외의 비행을 저지른 소년들의 검사 결과는 유의미한 차이가 보이지 않았다. 이 결과에 따라 다음과 같이 생각할 수 있다.

- 성 문제 소년의 신경심리적인 특징은 IQ가 낮은 경우에만 보인다
- 기능 장애가 뇌의 한 특정 영역에서 발생하는 것이 아니라 여러 영역에 걸쳐(네트워크 부전) 일어나는 것으로 상정된다
- 조사 집단이 아직 어린 IQ가 낮은 소년들이고, IQ가 높아지면 그런 특징이 사라진다는 점에서 어떤 발달상의 문제가 관여하고 있을 가능성이 있다

즉 '성범죄는 어떤 종류의 발달상 문제가 아닐까' 하는 가설이다.

IQ 통제가 이루어지지 않았지만, 이 가설을 뒷받침할 몇 가지 보고도 찾을 수 있다. 물론 성 문제 소년 중에는 유소년기에 학대(폭력 및 성적 피해)를 받거나 자동차 사고 같은 외상을 입은 사례도 많이 보고되었다. 이런 생활환경 및 양

육적인 요인도 뇌 기능에 적지 않은 손상을 입힐 것이다.

성범죄의 종류는 다양하다. 추행, 집단 강간, 소아 성애, 속옷 훔치기 등. 따라서 성범죄를 발달상의 문제로 다루기 위해서는 몇 가지 조건에 따른 더 많은 조사 및 연구가 필요하다. 하지만 만약 가소성*이 있는 뇌의 문제가 성 문제 및 성범죄로 이어질 가능성이 있다면, 이들을 치료하기 위해서는 기존에 실행해온 인지행동치료를 중심으로 한 각종 비행 방지 프로그램과 더불어 처리 속도, 작업 기억, 주의력 억제 등을 향상시킬 수 있는 인지 기능 트레이닝을 병행하는 것도 필요하지 않을까.

'마음의 병'이 생긴 아이들을 위한 프로그램

현재 아동 학대가 심각한 문제로 대두되고 있다. 학대 상황에 대한 발견 및 아동 보호에 더해 현재는 학대 피해 아동의 트라우마 치료, 학대 부모와 아이의 재통합을 위한 프

● 기능적 변형 및 구조적 변형을 일으키는 현상을 말한다.

로그램도 진행되고 있다.

앞으로 학대 피해 아동에게서 걱정되는 점은 크게 두 가지다. 하나는 애착 장애, 트라우마 반응, 우울증, 인격 장애 등 '마음의 병'이 생기는 것이다. 다른 하나는 난폭 행위, 불안정, 공격성, 배회, 가출 등 반사회적 행동으로 이어지지 않을까 하는 우려다.

일본 법무성 총합연구소가 2001년에 전국 소년원에 있는 약 2300명을 대상으로 한 조사를 보면, 약 절반에 해당하는 아이들이 소년원에 들어오기 전에 학대를 받았다고 보고되었다. 즉 학대를 받으면 비행을 저지르게 될 위험이 있는 것이다.

'마음의 병'과 관련해서는 의료기관이 주축이 되어 치료를 시행하고 있지만, 반사회적 행동에 대해서는 좀처럼 구체적인 방법을 세우지 못하고 있다. 자기 평가가 낮은 것 등이 반사회적 행동의 원인이 된다. 여기에는 사람을 믿을 수 없어서 원만한 인간관계를 만들지 못한다, 감정 조절이 안 된다 등의 심리적 문제와 산만하거나 집중력이 부족해 공부를 못한다 등의 인지 기능적 문제가 연관되어 있다. 산만하거나 집중력이 부족한 증상과 관련해서는 의료기관에서 메틸페니데이트를 투약하곤 하지만, 투약 치료로는 근본적

인 해결이 어려운 경우도 있다. 인지 기능 트레이닝이 근본
적인 치료에 도움을 줄 수 있다.

문제를 조기에 발견하고
지원하는 것이 방법이다

현재 형무소에 있는 수감자 1인당 관리 비용은 설비 운영
비와 인건비를 포함해 연간 약 300만 엔(약 3300만 원)*이라
는 보고가 있다. 이들은 많은 세금 피해자를 만들어내고 있
다. 만약 수감자 중에 한 명이라도 건전한 납세자로 바뀔 수
있다면 상당한 경제 효과가 기대된다. 소비세 등을 고려해 대
략적으로 계산해보면, 일반적으로 노동자 1인당 다양한 형태
로 납부하는 세금이 연간 100만 엔(약 1100만 원) 정도에 달할
것으로 예상된다. 즉 수감자 한 사람이 납세자로 바뀐다면
약 400만 엔(약 4400만 원)의 경제 효과를 기대할 수 있는 것
이다.

일본의 교정 시설 수용 인원은 2017년 말 기준으로 5만

● 한국의 경우는 2015년 기준으로 연간 2500만 원 수준이다.

6000명*이다. 단순 계산을 해봐도 연간 2240억 엔(약 2조 2464억 원)의 손실이 일어나고 있는 것이다. 여기에는 피해자가 입은 손실액은 들어가 있지도 않다. 재산과 관련된 범죄만 해도 피해액이 약 2000억 엔(2조 2000억 원)으로 알려져 있다. 여기에 살인과 상해, 성폭행 등의 피해액을 합치면 범죄자에 따른 손실액은 연간 5000억 엔(5조 5000억 원)에 달할 것으로 보인다. 범죄자를 줄이는 일이 국력을 올리기 위해 얼마나 중요한지 이해할 수 있을 것이다.

범죄자를 줄이기 위해서 할 수 있는 일 중에 하나가 '곤란을 겪고 있는 아이'를 조기에 발견해 지원하는 것이라고 생각한다. 가장 효율적으로 지원할 수 있는 방법은 아이들이 매일 가서 상당한 시간을 보내는 학교에서의 교육이다. 앞으로 새로운 관점을 가진 학교 교육이 충실해지기를 바란다.

● 한국의 경우는 2019년 기준 미결수 포함 5만 4000명, 미결수 제외 3만 5000명 수준이다.

아이들이 보내는 신호에
더욱 관심을 가져주기를

내가 이 책을 쓰게 된 계기는 본문에서도 언급했지만 전 중의원 의원 야마모토 죠지의 《옥중일기》를 보고 나서였다. 원래라면 도움을 받아야 할 여러 가지 장애를 안고 있는 사람들이 갈 곳을 잃고 범죄자가 되어 형무소에 모여 있었다. 야마모토 전 의원이 묘사한 수감자들의 모습은 내가 근무하던 의료 소년원에 있는 아이들의 실상과도 무척 비슷했다.

다만 내가 마주한 소년들은 아직 미성년으로, 이들의 상황은 아직 거의 알려지지 않았다. 이들이 성인이 되었을 때 《옥중일기》에서 그려졌던 수감자가 되지 않도록 하기 위해 조금이라도 빠른 지원이 필요하다고 느꼈고, 이런 정황을 많은 사람에게 알리고 싶었다.

현재 내가 근무하고 있는 리쓰메이칸 대학에서 나보다 앞서 일을 맡았던 고 오카모토 시게키 교수의 《반성의 역설 : 반성을 시키면 범죄자가 된다》에서 다루고 있는 문제 이전에, 소년원에는 그보다 심각한 '반성 이전의 소년들'이 수없이 많다는 것도 전하고 싶었다. 오카모토 교수가 세상을 떠나고 내가 그 후임자로 리쓰메이칸 대학에 오게 되어 그의 수업과 일을 이어받은 것도 어쩌면 인연이 아닐까 하는 생각도 들었다.

2016년 5월 15일에 방영된 일본 뉴스 네트워크(Nippon News Network)의 다큐멘터리 '장애 플러스 알파 : 자폐 범주성 장애와 소년 사건 사이에(障害プラスα ~自閉症スペクトラムと少年事件の間に~)'를 통해 알게 된 방송 프로그램 프로듀서 다부치 도시히코(田淵俊彦)가 《발달 장애와 소년 범죄(發達障害と少年犯罪)》를 출간했다. 그 책을 읽고 내가 소년원에서 근무하며 얻은 경험으로 알게 된 현재의 상황을 더욱 알릴 필요성을 느꼈고, 같은 출판사의 같은 편집자인 요코테 다이스케(橫手大輔)와 연락이 닿아 그 취지를 전달하고 뜻을 같이하기로 했다.

지적 장애와 관련된 서적은 관심을 가지고 애써 찾지 않으면 결코 찾기가 쉽지 않다. 어느 쪽 장애가 더 심각한지 논하려는 것은 아니다. 하지만 학교 교육 현장에서는 아직도 지적 장애에 대한 관심을 기울이지 않고 있다. 발달 장애에 대해서는 공부하고 있지만 지적 장애에 대해서는 정의조차 알지 못하는 교사가 많은 것이 현실이다. 이 책을 통해 지적인 취약점을 가지고 매일 곤란을 겪는 사람들과 아이들에게 조금이라도 현실적인 지원이 이루어지길 바란다.

또한 그런 아이들을 지원하기 위해서 만든 코그니션 트레이닝 연구회에서는 각종 연수회를 열고, 현재 많은 학교 선생님들이 참여하고 있다. 관심이 있는 분들의 많은 참여를 기다린다.

마지막으로 내 취지를 이해하고 뜻을 같이하여 출간의 기회를 주신 신초사와 편집부의 요코테 다이스케 편집자에게 마음 깊이 감사를 드린다.

미야구치 코지

옮긴이 | **부윤아** 다른 사람의 책장 구경하기를 좋아하다 다른 나라의 좋은 책을 찾아내어 소개하는 번역가가 되었다. 언제 어디에 있더라도 시공간을 초월한 세계를 만나고, 다양한 이야기를 들을 수 있는 책의 매력에 푹 빠져 오늘도 여러 나라의 책장을 살피고 있다. 삶에 공감하고 호기심을 불러일으키는 책을 찾아 소개하고 옮기는 일에 하루하루 즐거움을 느끼고 있다. 옮긴 책으로는 《말 잘하는 사람은 잡담부터 합니다》《지극히 작은 농장 일기》《그렇게 중년이 된다》《피케티의 21세기 자본을 읽다》《만년필 교과서》등이 있다.

케이크를 자르지 못하는 아이들
모든 것이 왜곡되어 보이는 아이들의 놀라운 실상

초판 1쇄 2020년 10월 20일
초판 5쇄 2024년 5월 28일

지은이 | 미야구치 코지
옮긴이 | 부윤아
감수자 | 박찬선

발행인 | 문태진
본부장 | 서금선
편집 1팀 | 한성수 송현경 유진영

기획편집팀 | 임은선 임선아 허문선 최지인 이준환 송은하 이은지 장서원 원지연
마케팅팀 | 김동준 이재성 박병국 문무현 김윤희 김은지 이지현 조용환 전지혜
디자인팀 | 김현철 손성규   저작권팀 | 정선주
경영지원팀 | 노강희 윤현성 정헌준 조샘 이지연 조희연 김기현
강연팀 | 장진항 조은빛 신유리 김수연

펴낸곳 | ㈜인플루엔셜
출판신고 | 2012년 5월 18일 제300-2012-1043호
주소 | (06619) 서울특별시 서초구 서초대로 398 BnK디지털타워 11층
전화 | 02)720-1034(기획편집) 02)720-1024(마케팅) 02)720-1042(강연섭외)
팩스 | 02)720-1043 전자우편 | books@influential.co.kr
홈페이지 | www.influential.co.kr`

한국어판 출판권 ⓒ ㈜인플루엔셜, 2020
ISBN 979-11-91056-18-1 (03590)